海洋经济100问

任群星　许少亮　陶勇◎著

文化发展出版社
Cultural Development Press
·北京·

图书在版编目（CIP）数据

海洋经济100问 / 任群星，许少亮，陶勇著．
北京：文化发展出版社，2025．7．—ISBN 978-7-5142-4694-0

Ⅰ．P74-49

中国国家版本馆CIP数据核字第2025N6B308号

海洋经济100问

任群星　许少亮　陶　勇　著

责任编辑：安玉霞　　　责任校对：侯　娜
责任印制：邓辉明　　　封面设计：思享文化
出版发行：文化发展出版社（北京市翠微路 2 号　邮编：100036）
网　　址：www.wenhuafazhan.com
经　　销：全国新华书店
印　　刷：三河市中晟雅豪印务有限公司

开　　本：880mm×1230mm　1/32
印　　张：8.25
字　　数：150千字
版　　次：2025 年 7 月第 1 版
印　　次：2025 年 7 月第 1 次印刷

定　　价：68.00 元
I S B N：978-7-5142-4694-0

◆ 如有印装质量问题，请电话联系：010-65583678

《海洋经济100问》著作团队

主 著 作 者： 任群星　许少亮　陶　勇

参与著作者： 康　超　吴荣伟　陈　情　林秋娟

李文娟　蔡惠真　赖志朋　王欣婷

王　昊　高林伟

作者简介

任群星　女，高级工程师，现任福建中咨工程咨询有限公司执行董事、总经理，福建中咨规划设计研究集团有限公司董事长。从事工程咨询工作二十余年，始终坚守在业务一线，具有丰富经验。研究领域包括项目策划、产业研究、规划咨询、评估咨询、管理咨询、PPP咨询等，主持或参与完成的项目获得省部奖2项。

许少亮　男，正高级工程师，正高级经济师，注册城乡规划师，硕士生导师。现任福建中咨工程咨询有限公司总经理助理，福建中咨规划设计研究集团有限公司董事、总经理。研究领域包括项目策划、产业研究、规划研究、工程咨询、国土空间规划、工程设计、乡村振兴等课题。主持或参与完成的项目获得省部奖18项，发表专业论文16篇，取得发明专利1项。

陶勇　男，正高级工程师，注册城乡规划师，硕士生导师，博士。现任福建中咨规划设计研究集团有限公司董事、副总经理。研究领域包括项目策划、规划研究、国土空间规划、工程设计、乡村振兴等课题。主持或参与完成的项目获得省部奖48项。

内容简介

《海洋经济100问》分析了海洋经济的基础概念、发展现状及其在区域经济中的重要性，帮助读者全面理解海洋经济的核心产业和关键技术；着重讨论了海洋资源的可持续利用、环境保护问题以及技术创新如何推动海洋产业的发展。通过对海洋渔业、海洋能源、海洋文化产业等各个领域的深度剖析，揭示了如何通过海洋经济促进绿色发展与低碳经济，并且如何应对全球气候变化等挑战。此外，本书针对未来海洋经济的发展趋势、陆海统筹、创新与协同发展提出了多方面的探索路径。

序　言

2025年政府工作报告明确提出“大力发展海洋经济，建设全国海洋经济发展示范区”。海洋——这片生命的摇篮，日益成为推动经济社会高质量发展的蓝色引擎，在中华民族迈向伟大复兴的新征程上，海洋经济以其独特的战略价值，绽放出愈发夺目的光彩。

在此时代背景下，福建中咨规划设计研究集团（以下简称福建中咨规划集团）编著的《海洋经济100问》应时而生，很有意义。这部书以问答形式，系统梳理海洋经济的基础理论、产业实践与未来趋势。全书100个问答，抽茧剥丝般将海洋经济的壮阔图景徐徐展开，既有理论深度，又通俗易懂，堪称海洋经济普及读物的上乘之作。

福建中咨规划集团是中国国际工程咨询有限公司（以下简称中咨公司）的重要一员，成立以来始终深耕区域规划与产业咨询领域，近百项成果荣获各级嘉奖，具有扎实深厚的研究能力，形成了立足行业、服务决策的研究取向，本书的写作充分展现了其研究特色：既立足政策高度，又紧贴实践需求；既着眼可持续发展，又聚焦陆海统筹。特别是对“蓝碳经济”“深海科技”“数字化赋能”等前沿领域的探讨，见解独到，分析透彻，体现了研究团队的前瞻思维，发挥工程咨询多学科多专业的优势作用，为政策制定提供前瞻性、可落地、一揽子的解决方案。本书还有姊妹书，分别为《银发经济100问》《文旅经济100问》《数字经济100问》《绿色经济100问》《低空经济100问》。这六本书虽然各有侧重，但都贯通“产学研一体化”的编研思路，体现了福建中咨规划集团的深厚研究积淀。

近年来，中咨公司正全力打造国家高端智库，以福建中咨规划集团为代表的各所属单位也持续加大智库研究力度，必将为“中咨品牌”注入新活力，为中国式现代化贡献更多“中咨方案”和“中咨智慧”。

期待更多工程咨询机构像福建中咨规划集团一样，促进咨询与研究深度融合，推动成果转化；培养“懂政策、精技术、善沟通”的复合型人才，为行业高质量发展提供坚实支撑。

本书是工程咨询行业丛书中的行业通识类书籍。为进一步加大行业研究工作的宣传力度，构建工程咨询行业出版物体系，中国工程咨询协会规划了智库研究、理论指南、标准规范、行业通识、年度报告、其他等六类出版物，旨在通过一系列高质量、有特色的出版物，提升行业整体研究能力，扩大行业影响力和辐射力。

谨以此序致敬所有海洋经济的探索者。《海洋经济100问》不仅是一部著作，更是一份深情的寄望。它呼唤我们以更开放的胸怀拥抱海洋，以更创新的方式开发海洋，以更坚定的决心守护海洋。愿工程咨询行业继续发挥专业优势，以海洋为战略支点，以智慧为帆，助力海洋强国建设，共同谱写中华民族伟大复兴的蓝色华章！

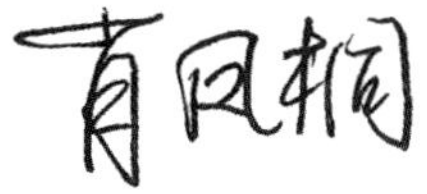

中国工程咨询协会会长

2025年6月30日

目 录

第一章　海洋经济基础概念　001

001　什么是海洋资源？如何定义？　003
002　海洋资源开发的持续性问题是什么？　006
003　什么是海洋经济？　008
004　海洋经济有哪些主要特点？　009
005　海洋经济与沿海经济有何区别？　011
006　海洋经济与传统经济有何区别？　013
007　海洋经济的核心价值是什么？　017
008　海洋经济的核心产业包括哪些？　018
009　中国海洋经济的发展现状如何？　023
010　为什么海洋经济对中国具有重要意义？　026
011　海洋经济如何推动区域经济发展？　027
012　海洋经济如何实现区域协调发展？　029
013　海洋经济如何促进城乡一体化发展？　032
014　生活中高频接触的海洋产业有哪些？　034

第二章　海洋资源的种类与利用　037

015　海洋生物资源有哪些？　039

016　中国的海洋渔业现状如何？　041

017　海洋渔业资源可持续发展面临哪些挑战？　043

018　海洋生物医药产业前景如何？　046

019　中国海洋油气资源保护区如何成功运行？　049

020　深海油气的开采有哪些技术挑战？　051

021　海洋矿产资源的开发潜力如何？　054

022　海洋风能在中国的发展前景如何？　056

023　海洋能源有哪些种类？　058

024　中国如何发展海洋能源产业？　060

025　跨国海洋资源开发与合作如何进行？　063

026　海洋环境与资源的双重保护如何实现？　065

第三章　海洋产业的主要领域　069

027　海洋渔业的未来发展方向是什么？　071

028　中国海上风电产业发展如何？　073

029　海洋交通和海洋运输的重要性是什么？　075

030　中国海洋运输业如何提升竞争力？　078

031 如何推动海洋旅游产业发展？ 080

032 海洋文化产业有何发展潜力？ 083

033 中国如何促进海洋文化的传承与创新？ 086

034 海洋矿产资源的开采与环境保护如何平衡？ 088

035 深海科技开发的前景如何？ 091

036 海洋高新技术产业有哪些创新点？ 093

037 海洋智能技术如何赋能传统海洋产业？ 096

038 如何发展海上牧场？ 098

039 如何推动深远海养殖高质量发展？ 100

第四章 海洋经济的政策与管理 103

040 中国的海洋经济政策框架是什么？ 105

041 海洋经济与环境保护如何协调？ 107

042 如何推进海洋经济的绿色发展？ 109

043 如何加强海洋资源的可持续管理？ 112

044 如何利用海洋经济促进区域协调发展？ 114

045 海洋经济如何加强区域间合作与交流？ 116

第五章　海洋资源开发与环境保护　119

046　海洋资源开发的环境影响如何评估？　121
047　如何保护海洋生态系统？　123
048　海洋污染问题的根源是什么？　125
049　如何减少海洋垃圾？　127
050　海洋酸化对海洋经济的影响是什么？　129
051　如何应对海洋生态破坏？　131
052　深海矿产开发对环境的影响有哪些？　133
053　海洋环境保护和经济开发如何平衡？　135
054　生态补偿在海洋资源开发中的作用是什么？　137
055　海洋生态恢复项目如何进行？　139
056　海洋资源开发的环境政策有哪些？　141

第六章　海洋经济的创新与发展
——推动陆海统筹协同发展　143

057　创新驱动发展对陆海统筹有何推动作用？　145
058　海洋能源产业的创新突破有哪些？　147
059　陆海统筹如何促进海洋科技创新的跨领域发展？　149

060 如何实现海洋产业数字化转型与陆地产业的融合发展？ 151
061 海洋大数据如何为陆海统筹提供精准决策支持？ 153
062 人工智能如何助力海洋经济与陆地经济的深度融合？ 156
063 海洋机器人技术在陆海统筹中的应用前景如何？ 158
064 如何利用海洋信息技术促进陆海产业链的优化与整合？ 160
065 如何通过创新推动海洋渔业的可持续发展？ 163
066 海洋能源产业如何与陆地能源产业实现协同创新？ 165
067 如何推动海洋经济绿色创新，促进陆海生态保护协调发展？ 167
068 海洋旅游产业如何通过创新推动陆海协同发展，打造综合性旅游目的地？ 169
069 如何利用科技提升海洋与陆地环境监测与预警系统的协同能力？ 171

070 新兴技术如何促进海洋文化产业与陆地文化的有机结合？ 174

071 如何通过创新推动海洋产业应对气候变化，提升陆海生态系统的适应力？ 176

072 海洋经济的自动化发展将如何促进陆海协同发展的新模式？ 178

073 如何通过创新技术提升海洋生态修复与陆地生态恢复的协同效果？ 181

074 深海探测技术如何推动海洋经济与陆地资源开发的协同发展？ 183

第七章 海洋经济与可持续发展 187

075 什么是海洋可持续发展？ 189

076 海洋经济如何与绿色经济对接？ 191

077 海洋可再生能源如何推动绿色发展？ 193

078 如何推动海洋产业的循环经济发展？ 195

079 海洋产业中的碳排放问题如何解决？ 197

080 海洋经济如何促进低碳经济发展？ 200

081 如何平衡经济发展与环境保护之间的矛盾？ 202

082　如何通过海洋经济实现社会高效和环境高效的双赢？　204
083　海洋资源的可持续利用如何与社会发展相协调？　206
084　如何确保海洋经济发展不以牺牲生态为代价？　208
085　什么是“蓝碳”？　210
086　如何推动“蓝碳”发展？　212

第八章　未来海洋经济的发展趋势　215

087　中国海洋经济的未来发展方向是什么？　217
088　海洋经济如何应对全球气候变化？　219
089　数字化如何推动海洋经济的发展？　221
090　海洋经济将如何与全球绿色发展趋势对接？　224
091　未来海洋产业的技术创新点在哪里？　226
092　如何提升中国海洋经济的全球竞争力？　228
093　海洋创新经济将如何开拓未来市场？　230
094　海洋数据经济将如何改变海洋产业？　232

095 深海探测技术的发展对海洋经济有何影响？ 235

096 海洋生态经济将如何影响未来的海洋发展？ 237

097 中国如何推动海洋经济与“一带一路”倡议的融合发展？ 239

098 海洋经济的信心发展将如何推动全球合作？ 241

099 海洋产业如何突破资源瓶颈，推动创新发展？ 244

100 中国如何通过海洋经济促进全球可持续发展？ 246

第一章

海洋经济基础概念

001 什么是海洋资源？如何定义？

海洋资源是指海洋环境中，能够被人类利用或开发的各种自然资源。这些资源不仅在满足人类基本需求方面发挥着重要作用，还为经济发展、科技进步和环境保护提供了宝贵的支持。从海洋渔业到海洋能源，从海洋生物到海洋旅游，海洋资源以其丰富性、多样性和可持续性，成为全球经济和社会发展的重要支撑。

（一）海洋资源的分类

海洋生物资源

海洋生物资源是指海洋中的生物及其形态，包括鱼类、贝类、海藻、珊瑚等。这些生物不仅是全球食物链的重要组成部分，还为人类提供大量的食品、药品和原材料。海洋渔业是对海洋生物资源最直接的应用，不仅为世界各地提供了丰富的海产品，也为沿海地区创造了大量的就业机会。

近年来，随着科技的发展，海洋生物资源的开发利用已经超越了捕捞这种传统方式，进入了更加多样化的利用方式。比如，海洋生物医药产业正在蓬勃发展，海洋中某些生物分子具有抗癌、抗病毒等特殊功能，这为制药行业提供了新的突破口。

海洋非生物资源

海洋非生物资源则包括海洋中的矿产资源、能源资源等。人们熟知的非生物资源是石油和天然气。海洋石油和天然气的开采已经成为全球能源供应的一个重要组成部分，尤其是深海区域的油气资源的开发，成为全球能源产业的重要发展方向。海洋风电和潮汐能，也正在成为一种绿色、可持续的能源形式，逐步替代传统能源，推动全球能源结构转型。

此外，海洋矿产资源，如海底的金属矿产和稀土矿产，也是近年来备受关注的矿产领域。随着深海探测技术的进步，海底矿产的开发前景日益广阔。

海洋空间资源

海洋空间本身也是一种资源。海洋空间资源是指海洋区域的物理空间，包括岛屿、海域、海底等，能够为人类提供航运、旅游、渔业等活动的空间。随着全球航运业的不断发展，海洋空间资源在国际贸易中的作用日益凸显。

（二）如何定义海洋资源

海洋资源的定义应包含两个方面：一是自然资源的定义，即海洋中存在的自然资源的供给开发和利用；二是人类与这些资源的关系，如何通过科技、法律、管理等手段，实现海洋资源的合理利用与可持续发展。

随着全球人口增长和资源需求不断增加，海洋资源的开发与保护成为亟待解决的问题。人类在享受海洋资源带来的经济和社会利益的同时，如何平衡资源的开发与环境保护，如何在全球气候变化和生态压力加剧的背景下，实现海洋资源的可持续利用，将是未来全球面临的重要课题。

由此可见，海洋资源是一个多维度的概念，既包括传统的生物资源和非生物资源，也包括海洋空间的利用。在全球化和科技进步的背景下，海洋资源的定义和开发将对全球经济和环境的持续产生必然的影响。

002 海洋资源开发的持续性问题是什么？

海洋资源开发给社会带来了巨大的经济利益，但与此同时，如何保持其持续性，避免资源枯竭和生态破坏，成为全球面临的重大挑战。海洋资源开发的持续性问题，涉及资源的合理利用、环境保护与经济增长之间的平衡。这不仅是经济学和环境学的课题，更是全人类共同面临的责任。

其一，过度开发是海洋资源持续性问题的核心。随着技术的不断进步，海洋资源的开发已进入了一个空前活跃的阶段。对渔业资源的过度捕捞，特别是对一些珍稀海洋生物的无节制捕捞，使许多海洋物种濒临灭绝。报告显示，全球约三分之一的渔业资源正处于过度捕捞状态，若不加以控制，海洋渔业的持续性将受到严重威胁。海洋石油和天然气的开采也面临着资源枯竭的风险，尤其是在深海区域，资源开发的成本和环境风险更加令人担忧。

其二，海洋污染是影响资源可持续利用的又一大难题。随着海洋资源的开发，随之而来的污染问题十分严重。石油泄漏、海上采矿的排放、塑料垃圾以及有毒化学物质等的污染，正不断威胁着海洋生态系统的稳定性。这些不仅直接影响海洋生物的生存，还通过食物链进入人类身体，威胁着食品安全和公共健康。污染加剧了生态系统的退化，破坏了海洋资源的自然能力，从而对海洋资源的持续利用构成了重大挑战。

其三，气候变化对海洋资源的影响也日趋明显。全球气温急剧上升导致海洋温度升高和海洋酸化加剧，这些变化影响了海洋生物的栖息环境，破坏了生态平衡。例如，作为生物多样性“温床”的珊瑚礁，因海洋温度升高而出现白化现象，导致珊瑚死亡，从而影响整个海洋生态系统的稳定。此外，气候变化还导致极端天气频繁发生，使海洋资源的开采和管理更加困难，增加了开发的风险和不确定性。

在应对这些挑战时，可持续开发的管理模式变得刻不容缓。各国需要加强海洋资源的科学研究，制定合理的资源开发规划，采取更加严格的保护措施。国际合作也至关重要，要解决跨国资源问题，必须制定全球范围的管理规则和标准，确保资源开发不超过其自然承受能力。同时，发展绿色技术和清洁能源，如海洋风电、潮汐能等，已成为实现海洋资源开发持续性问题的重要途径。

最后，公众的环保意识提升和参与同样至关重要。通过全球范围内的共同努力，政府、企业与公众三方合力，才能确保海洋资源的长期可持续利用。在全球海洋资源保护方面，每个人都不应只是旁观者，而应积极成为参与者。

由此可见，海洋资源开发的持续性问题不仅关系到技术和管理，更关系到全球生态系统的健康与未来。只有在保护环境和合理利用资源之间找到平衡点，才能实现海洋经济的可持续发展，确保后代同样享受到这片蓝色星球的恩赐。

003 什么是海洋经济？

海洋经济是指围绕海洋资源建设、利用、保护和管理，发展海洋产业而形成的有序经济形态，其范围超出海洋渔业，涵盖航运、海洋旅游、海洋能源、海洋工程、海洋生态保护等。随着世界经济的持续增长和对海洋资源认识的不断深入，海洋经济的重要性日益凸显，已成为推动经济和社会发展的重要动力之一。

简单地说，海洋经济就是利用海洋提供的各种资源创造财富、推动社会进步。例如，渔业、海上油气开采、海上风电开发等都是海洋经济，大规模的海洋经济还包括海洋文化的传承与传播、海洋科研的开发等。

在现代社会中，海洋不仅是重要的生产要素，也是国际运输的重要通道，海洋货物运输是国际贸易运输的主要方式，航运业和港口建设的繁荣也为国际经济交流与合作提供了巨大的力量。

海洋经济的可持续发展，要求我们在开发利用海洋资源的同时，重视保护海洋生态环境，实现生态保护与经济发展的双赢。这就需要政府、企业、科研机构加强合作研究，共同创新海洋经济发展的新模式。

004　海洋经济有哪些主要特点？

海洋经济具有一些特点，这些特点不仅决定了它的独特性，也决定了开发海洋资源的价值和复杂性。这些重要特点包括以下方面。

资源丰富性和可持续性：海洋拥有极为丰富的自然资

源，如海洋渔业、油气田、海洋矿产等，这些资源为世界经济提供了宝贵的支撑。海洋经济的另一个特别重要的特点是，如何实现这些资源的可持续利用已成为主要问题。这就要求人类在开发海洋资源时，采取科学合理的管理和保护措施，确保未来海洋资源不致枯竭。

空间广阔性：海洋覆盖了地球表面的70%以上，发展海洋经济的前景十分广阔。海洋不仅是自然财富的宝库，也是世界贸易和运输的主要通道。特别是在全球化不断深入的今天，海洋已成为连接各国经济的纽带。

科技驱动力强：海洋经济的快速发展离不开科技的支撑。从深海勘探到海上风电建设，从海洋生物医药到海洋环境观测，科技创新驱动着海洋经济的发展，不仅提高了资源开发效率，也解决了传统海洋经济的一些环境和安全问题。

产业多样性：海洋经济的产业链是多元化的，包括海洋渔业、海洋能源、海洋交通、海洋旅游、海洋环保等多个领域，相互关联，协同发展，形成大海洋经济体系。在科技发展和市场需求变化下，海洋经济的产业结构也在不断升级。

环境敏感性：海洋经济的增长往往与生态保护密切相

关，过度开发、污染排放、生态系统破坏等问题在一定程度上制约了海洋经济的可持续发展。因此，海洋经济发展应特别重视生态环境保护，走绿色低碳发展之路。

005　海洋经济与沿海经济有何区别?

海洋经济和沿海经济这两个概念常常被混淆，但它们各自有着不同的内涵和发展重点。简单来说，海洋经济是指与海洋资源的开发、利用和保护相关的经济活动，而沿海经济则是指发生在沿海地区的经济活动。尽管二者有一定的交集，但它们的侧重点、范围和发展路径各不相同。

第一，定义上有所不同。海洋经济的范围更广泛，它不仅包括沿海地区的经济活动，还涵盖了深海开发、海洋资源保护、海洋科技创新等领域。具体来说，海洋经济包括海洋渔业、海洋能源、海洋交通、海洋旅游、海洋生物医药等多个产业，强调的是海洋资源的综合利用与可持续发展。而沿海经济则专注于沿海地区的经济活动，特别是那些直接依赖海洋的产业，如沿海港口物流、海岸城市发展等。

其次，地理范围的差异。海洋经济不仅仅局限于沿海地区，它的影响可以扩展到更广阔的海域。比如，深海油气开采、海底矿产资源开发等，往往发生在远离沿海的海域。这些活动与沿海经济相比，更加注重海洋的深层次资源和技术研发。沿海经济则更多关注沿海带来的经济效益，如港口经济、渔业、滨海旅游等，这些产业多集中在靠近海岸线的区域。

在产业结构上，海洋经济的多样性和高技术性是其突出特点。随着海洋科技的不断进步，海洋经济的产业链变得越来越复杂。例如，海洋新能源（如海上风电、潮汐能）、深海矿产资源的开发都属于现代海洋经济的一部分。这些产业不仅涉及资源的开采与利用，还需要先进的技术支持和强大的科研力量。而沿海经济则更注重基础设施建设，如港口、交通、物流等，虽然这些产业在推动区域经济发展中至关重要，但相较于海洋经济的多元化，沿海经济的产业结构更加传统。

另外，发展重点的不同。海洋经济的重点通常放在海洋资源的可持续利用、海洋科技创新以及全球海洋经济一体化的发展上。例如，全球范围内的海洋资源保护、海洋污染治理、海洋气候变化等问题，都需要通过国际合作和科技进步来解决。而沿海经济则更侧重于地方经济的增长与区域竞争力的提升，如推动港口建设、提升沿海城市的经济吸引力等，发展更多是围绕区域优势展开的。

由此可见，海洋经济和沿海经济虽然在某些方面有所交集，但本质上是两个不同的概念。海洋经济更侧重于海洋资源的多维度开发和全球化，而沿海经济则更多是地方性的、依赖于海岸带的经济活动。理解二者的差异，有助于我们更好地规划和推动区域乃至国家的经济发展。

006 海洋经济与传统经济有何区别？

随着科技进步和全球化深入，海洋经济越来越成为各国经济发展的核心部分，不仅给全球经济增长带来了新的动力，也形成了与传统经济截然相反的发展模式。那么，海洋经济与传统经济的区别究竟在哪里呢？我们可以从资源依赖、产业结构、环境影响等多个角度进行深刻的探讨。

（一）资源依赖与发展方式

传统经济主要根植于陆地资源的开发，特别是矿产、土地、森林等自然资源。这些资源的开发集中在一处，发展方式比较直接、全面。例如，传统的工业和农业经济很可能建立在粗放的土地利用、矿产开采和持续的能源资源消耗之上。这种发展模式虽然在初期推动了经济增长，但在资源逐渐枯竭之后，也导致了环境的恶化。

海洋经济则不同。海洋经济资源主要来源于海洋，涵盖海洋渔业、海洋能源、海洋运输等广泛领域。海洋经济资源发展具有广阔的空间性和多样性，如海洋渔业可以成为良好的营养来源，海洋能源（如风能、潮汐能）越来越成为替代传统能源的主要方向，海上运输是世界贸易循环不可或缺的基础。与陆地资源相比，海洋资源总体上更为丰富，可再生性更强，但开发利用海洋资源需要更高的技术和管理要求。

（二）关于环境与可持续发展

传统经济的典型特征之一就是资源的过度消耗和生态破坏。随着工业化的推进，土地的围垦、矿产的开采、能源的消耗，带来了严重的生态问题，如水污染、大气污染、物种灭绝等，特别是在一些过度依赖资源开发的地区，生态环境的压力越来越大。

相比之下，蓝色经济的发展长期以来都关注环境保护和可持续性。海洋作为庞大的生态系统，在开发资源时需要更加明智，以免伤害海洋生态系统。例如，发展可持续的海洋渔业需要合理开发渔业资源，避免过度捕捞；开发海洋能源也应力求减少对海洋生态系统的不利影响。绿色海洋经济是近年来国际发展趋势，备受关注。大多数国家在支持海洋经济的同时，也制定了严格的环境保护政策，努力在发展中确保生态平衡。

（三）全球化背景下的作用与挑战

海洋经济在全球化中发挥着越来越重要的作用。海洋资源的开发利用往往是跨国的，特别是国际航运和渔业合作，需要多个国家和地区的合作。海上航运实际上是全球贸易流通的生命线，全球80%以上的国际贸易货运量通过海运完成。因此，在全球化进程中，海洋经济扮演着越来越重要的角色。海洋经济不仅影响着一个国家的经济发展，而且对全球经济也有着深远的影响。

与此同时，在全球化背景下，海洋经济也面临诸多挑战。一方面，随着全球气候变化和海洋污染的加剧，海洋资源的可持续发展压力加大。另一方面，国际海洋资源竞争和海洋环境资源保护也已成为亟待解决的任务。各国应加强海洋资源开发合作，共同应对这些全球性挑战。

（四）发展模式多种多样

传统经济的发展模式相对单一，主要依赖资源的开采和工厂化生产。尽管传统经济模式在初期取得了巨大的经济效益，但随着资源的枯竭和环境的恶化，传统经济的稳定性已失去基础。

海洋经济走上了更加多元化的发展道路，不仅涉及常规资源的开发，还涉及高新技术的利用和绿色经济的建设。海洋能源、海洋生物技术、海洋旅游等新兴产业的建设，为海洋经济带来了更多的创新动力。此外，海洋经济的增长不再依赖资源的开采，也不再依赖单一类型的资源，越来越多的国家开始强调绿色增长与技术进步的结合，以可持续的眼光来追求经济发展。

007　海洋经济的核心价值是什么？

海洋经济的核心价值不仅仅是资源的开发，更是参与全球生态环境保护和可持续发展。海洋生态系统作为地球气候调节的重要组成部分，具有巨大的生态功能。海洋经济通过合理利用海洋资源、保护海洋环境，实现人与自然的和谐共存。近年来，随着海洋污染和生态恶化问题的日益严重，大多数国家都开始加大海洋环境保护力度，积极倡导海洋可持续发展的政策措施。海洋经济发展不能再追求短期利益最大化，而必须着眼于生态和社会的长远利益。

海洋经济还具有促进国际合作、加强全球治理的内在价值。随着全球化的不断加强，海洋资源的勘探开发不再是一个国家的事情，而是多个国家协作配合的事情。海洋权益、海洋环境保护、海洋资源开发等方面的争议都需要通过国际合作来解决。在国际组织合作机制下，各国可以合作探索如何合理开发海洋资源、如何有效保护海洋生态环境、如何处理经济发展与生态保护的关系。在此过程中，海洋经济作为一个跨国共同体，推动着全球治理体系的加强和完善。

海洋经济对区域经济的促进作用也不容忽视。海洋经济可以通过发展港口物流、海洋渔业、海洋旅游业等带动沿海地区经济发展。特别是在中国，海洋经济已经成为沿海地区经济增长最重要的引擎之一。近年来，中国大力推动海洋经济发展，出台了一系列支持海洋产业升级创新的政策，鼓励科技创新和绿色发展，为沿海城市和地区的发展创造了新的机遇。

海洋经济的根本价值在于它在全球经济发展、资源利用、环境保护、国际合作等领域的独特地位。

008 海洋经济的核心产业包括哪些?

从传统的海洋资源开采到新兴的海洋科技创新，海洋经济的核心产业正不断扩展，呈现出多样化、绿色化的发展趋势。那么，究竟有哪些产业构成了海洋经济的核心呢？

（一）海洋渔业：资源的基础

海洋渔业无疑是海洋经济最为基础的产业之一。作为全球最大的食品供应来源之一，海洋渔业为世界各地的民众提供了丰富的蛋白质。全球有着数以千万计的人口以渔业为生，尤其是一些沿海国家，渔业更是其重要的经济支柱。随着捕捞技术的发展和水产养殖的不断创新，海洋渔业产业链也在不断延伸，捕捞、加工、贸易等环节的深化，使得这一产业成为全球贸易中的重要组成部分。

然而，随着海洋资源的过度开发和生态环境的日益恶化，海洋渔业面临着可持续发展的严峻挑战。如今，越来越多的国家开始实施可持续渔业管理，推动环保型渔业发展，例如通过实施渔业资源配额、禁渔期、禁渔区等措施来保护海洋渔业资源，实现海洋生态的平衡与渔业生产的持续性。

（二）海洋运输：全球经济的“血脉”

海洋运输无疑是全球经济体系中不可或缺的一部分。海上运输为世界各国提供了最经济、最便捷的货物运输方式，尤其是在国际贸易中，占据着至关重要的地位。据统计，全球约80%的商品贸易都依赖于海运。这些货物包括石油、天然气、矿产、粮食、机械设备等各类商品，跨越各大洋，连接着不同的经济体。

港口建设和航运业的发展，直接推动了全球贸易的流通。港口作为海洋运输的关键节点，它们的集疏运功能不仅促进了沿海地区的经济发展，也推动了全球经济的紧密联系。随着共建“一带一路”的推进，海洋运输的重要性愈加突出，国际航运市场的竞争也更加激烈。未来，绿色航运和智慧航运将成为发展趋势，海洋运输产业将在全球低碳经济转型中发挥越来越重要的作用。

（三）海洋能源：未来的绿色动力

随着全球对清洁能源的需求日益增长，海洋能源产业的潜力愈发引人注目。海洋能源包括潮汐能、波浪能、海洋热能、海上风电等多种形式。这些能源源于海洋，具有可持续、清洁的特点，是应对全球能源危机和气候变化的理想选择。

其中，海上风电已成为海洋能源产业中最具发展潜力的领域之一。随着技术的不断突破，海上风电逐渐进入商业化运营阶段。许多国家，尤其是欧洲国家，已积极布局海上风电项目，甚至开始向海上风电技术的研发投入巨资。海洋热能和潮汐能也在一些国家的探索中逐步成型，预计未来将成为重要的绿色能源供应来源。

海洋能源产业不仅能够为全球提供清洁、稳定的能源，还能推动海洋科技的发展，为各国经济注入新的活力。随着全球对环境保护和能源转型的需求日益增加，海洋能源将在全球能源结构调整中扮演越来越重要的角色。

（四）海洋旅游：跨越海洋的浪漫经济

海洋旅游产业作为海洋经济中的新兴产业，近年来受到越来越多国家的关注。海洋旅游不仅仅包括传统的海滨度假和游艇旅游，还涵盖了潜水、深海探险、海岛探秘等多种形式。海洋旅游产业不仅促进了旅游业的增长，还推动了海洋文化和沿海生态环境的传播与保护。

随着人们生活水平的提高和对自然美景的追求，海洋旅游逐渐成为全球旅游业的重要组成部分。沿海国家和地区通过开发特色海洋旅游资源，提升了其国际形象，并促进了地方经济的发展。海洋旅游还带动了相关产业的发展，如酒店业、餐饮业、交通运输业等，形成了产业集群效应。

（五）海洋生物医药：蓝色生命的潜力

海洋生物医药产业是近年来兴起的一个重要领域。海洋生物体内蕴藏着丰富的天然药物资源，许多海洋生物中含有独特的化学成分，这些成分具有抗癌、抗病毒、抗衰老等多种生物活性。通过现代生物技术手段，科研人员可以从海洋生物中提取有价值的药物成分，用于药物研发和临床应用。

目前，海洋生物医药的研究和应用正在全球范围内展开，尤其是在一些沿海国家，如中国、美国和日本，相关研究已取得显著进展。随着这一产业的发展，海洋生物医药有望成为全球健康产业的重要一环。

（六）海洋科技创新：推动产业升级

海洋经济的核心产业还包括海洋科技的创新。海洋科技不仅涉及海洋资源的开发利用，还包括海洋环境保护、海洋气候监测、海洋灾害预警等领域。随着信息技术、人工智能、大数据等技术的不断进步，海洋科技正在不断推动各个海洋产业的升级。

例如，智能化的海洋探测设备、大规模海洋数据分析技术、无人驾驶海洋运输工具等科技成果，正在引领着海洋产业的未来。海洋科技创新不仅能够提升海洋资源利用的效率，还能提高海洋经济的可持续性。

海洋经济的核心产业涵盖了从传统的海洋资源开发到现代的高科技应用，涉及多个层面，构成了一个庞大而复杂的产业体系。随着全球对可持续发展和绿色经济的关注不断加强，海洋经济中的各个产业将在科技创新和环保要求的推动下迎来更加广阔的发展空间。无论是渔业、运输、能源，还是旅游、医药和科技，海洋经济都在逐步塑造全球经济的新格局，成为推动人类社会进步的重要力量。

009　中国海洋经济的发展现状如何？

中国海洋经济呈现出强劲的发展势头，已成为国民经济的重要组成部分，并在全球海洋经济中占据重要地位。

（一）总体规模与增长

中国海洋经济总量持续增长：2021年全国海洋经济生产总值首次突破9万亿元，对国民经济增长的贡献率为8.0%；2022年全国海洋经济生产总值为9.4628万亿元，同比增长1.9%，占国内生产总值的比重为7.8%；2023年全国海洋经济生产总值为9.9097万亿元，同比增长6.0%，占国内生产总值的比重为7.9%；2024年海洋经济生产总值首次突破10万亿元，达10.5438万亿元，同比增长5.9%，占国内生产总值的比重为7.8%。中国海洋经济在2021年至2024年间持续增长，海洋经济生产总值稳步提升，对国民经济的贡献逐年增加。

（二）产业结构与特点

传统产业稳步发展：海洋渔业、海洋交通运输业、海洋船舶工业等传统产业仍是海洋经济的重要支柱。例如，2024年中国海洋水产品总量连续35年位列全球第一，船舶和海工装备市场份额占全球50%以上。

新兴产业快速崛起：海洋生物医药、海洋电力、海水淡化等新兴产业成为新的增长点。例如，海洋药物研发取得突破，海洋电力产业在潮汐能、波浪能等领域进展显著。

区域发展格局：环渤海、长三角、粤港澳大湾区等沿海地区是海洋经济发展的核心区域，形成了各具特色的产业集群。

（三）科技创新驱动

海洋科技水平显著提升，智能化、数字化技术广泛应用。例如，“梦想”号深海探测器和“妈祖”海洋数值预报模式的推广，标志着中国在海洋科技领域的领先地位。智慧海洋建设加快推进，通过大数据、人工智能等技术实现海洋资源的高效开发和环境保护。

（四）政策支持与战略规划

国家高度重视海洋经济发展，出台了一系列政策文件，如《“十四五”海洋经济发展规划》，明确了走依海富国、以海强国的发展道路。地方政府也积极推动海洋经济高质量发展，例如大连市通过建设全球远洋渔业交易中心，推动海洋经济提质升级。

（五）国际合作与竞争力

中国在全球海洋经济中的竞争力不断增强，船舶出口、海洋工程装备等领域占据重要市场份额。同时，中国积极参与国际海洋合作，推动数据共享和技术交流，构建全球海洋观测网。

中国海洋经济在规模、结构、科技和政策支持等方面均取得了显著成就，已成为全球海洋经济的重要力量。未来，随着技术的进步和政策的持续支持，海洋经济有望在国民经济中发挥更加重要的作用，同时为全球海洋可持续发展贡献中国智慧和中国方案。

010 为什么海洋经济对中国具有重要意义？

海洋经济对中国的重要性可以从多个方面来看。首先，海洋是中国巨大的自然资源宝库。中国海岸线漫长，海洋资源丰富，包括渔业、油气资源、矿产资源等。这些资源对中国具有巨大的经济价值，不仅可以满足国内需求，还可以带动出口贸易，提升国家的国际竞争力。

其次，海洋经济带动国内经济发展。中国沿海地区发展速度较快，特别是上海、广州、深圳等城市，通过港口、航运等吸收了大量投资和人才，支撑了经济增长的加快。随着共建“一带一路”的不断推进，中国“海上丝绸之路”将日益融入世界，加速区域经济一体化，使中国成为世界经济大国。

最后，海洋经济对推动中国绿色发展也产生了积极影响。近年来，随着全球对生态保护和绿色发展的重视，海洋绿色发展的理念也越来越深入人心。中国也积极发展海洋新能源和海洋生物医药产业，不仅顺应了世界绿色发展的潮流，也为中国经济发展提供了新的动力。

总体来看，海洋经济对中国具有极其重要的战略意义，不仅是资源安全、区域发展和绿色创新的关键，也为中国未来经济增长提供了巨大的潜力和广阔的空间。

011　海洋经济如何推动区域经济发展?

海洋经济作为一个重要的经济领域，正日渐成为推动区域经济增长的强劲引擎。从沿海城市到内陆地区，海洋经济的发展不仅改变了传统产业结构，还创造了新的经济增长点，增强了区域经济的活力与竞争力。

首先，海洋对沿海地区的直接影响极为显著。作为海洋经济的核心区域，沿海城市通过发展港口物流、渔业、海上风电等产业，获得了可观的经济收益。例如，上海、广州、深圳等大城市，凭借其发达的海洋经济基础上，吸引了大量的投资和人才，带动了当地的就业和产业升级。港口物流业不仅促进了全球贸易的流通，还带动了物流、交通、运输、金融服务等相关产业链的发展，使港口地区成为经济增长的引擎。

其次，海洋旅游的兴起迅速为沿海地区提供了新的经济增长点。随着人们对自然景观的需求不断增加，海洋旅游成为许多沿海地区的重要经济增长点。以海南为例，随着“旅游+海洋”的发展模式，海南渐渐转型为第三个旅游热门目的地，带动了当地的酒店、餐饮、交通等行业的发展。通过开发海洋旅游资源，不仅带动了当地的经济收入，也丰富了当地的文化与社会生活。

海洋经济还促进了区域结构的优化升级。随着海洋科技的迅猛发展，海洋生物医药、海洋新能源等新兴产业正成为许多沿海地区的重要带动因素。如江苏、浙江等地，借助海洋生物资源和海洋可再生能源的优势，积极推动绿色产业崛起，推动地方经济可持续发展。这些新兴产业不仅增加了区域的经济外围，促进了技术创新和产业转型，还增强了区域的产业转型。

除了沿海地区，海洋对内陆地区的影响也不容忽视。随着共建“一带一路”的推进，沿海地区与内陆地区的合作迫切性加强。海洋运输为内陆省份提供了更加便利的进出口通道，推动了资源流动和产业合作。通过跨区域的协作，内陆地区的制造业和加工产业能够更好地利用海洋经济带来的市场和物流优势，从而促进内陆经济的外向型发展。

总体而言，海洋经济推动了沿海地区经济的全面增长，也促进了内陆地区与沿海地区经济的合作与互动。未来，随着海洋经济潜力的进一步释放，更多地区将深深受益，创造出更多的经济机会，推动全球经济的持续发展。

012　海洋经济如何实现区域协调发展？

海洋经济的发展潜力巨大，但要使其惠及各个区域，尤其是促进区域间的协调发展，需要采取综合措施，平衡不同区域的资源、产业、科技和政策支持。海洋经济并非单一地区所独有，应成为推动全国各区域共同发展的重要力量。如何实现海洋经济的区域协调发展，是当前面临的一大课题。

第一，增强区域间的产业互补性是关键。不同地区由于地理、资源、经济基础等差异，适合发展不同的产业。通过建立以沿海为龙头的产业链，促进内陆地区的产业延伸和升级，形成互补发展的产业结构，从而能够实现资源的合理配置与区域协调发展。

第二，推动互联互通基础设施建设，特别是交通和信息网络的建设。海洋经济不仅仅是海上的产业，它涉及陆地与海洋的联动。加强海上和陆地之间的交通、物流、信息等基础设施的互联互通，能够打破地区之间的障碍，促进资源、信息和技术的流动。比如，内陆地区可以借助港口物流网络，将商品和资源更便捷地运输到世界各地，而沿海地区则通过优化港口设施，减少运输成本，提升贸易竞争力。这样，基础设施的互联互通不仅提升了区域间的经济效率，还促进了区域间的共同发展。

第三，鼓励跨区域的政策协调与合作。不同区域在发展海洋经济时，面临的政策环境可能不尽相同。为了实现区域协调发展，各地政府应当加强政策上的协调与合作，制定统一的行业标准和法规，避免政策上的重复建设或相互冲突。例如，可以通过跨省市的协作机制，共同推动海洋资源的合理利用、生态保护和产业发展。此外，政府还可以通过创新政策，引导资金、人才、技术等资源向经济欠发达区域倾斜，缩小区域间的发展差距。

第四，注重生态保护和可持续发展。为实现区域协调发展，必须考虑不同区域在海洋资源开发中的环境承载力，避免某些区域因过度开发而损害环境。各地应加强生态保护合作，制定海洋资源保护的统一标准，共同推动绿色经济发展。如，推广海洋生态补偿机制、环境修复项目等，保障实现各地在海洋经济发展进程中的可持续目标。

第五，加大科技创新和人才培养的支持。海洋经济的发展离不开科技创新的驱动，特别是海洋科技的突破。企业和企业可以通过支持海洋科技创新，推动地区间的技术共享与转化，特别是在海洋可再生能源、深海探测、海洋生物医药等前沿领域。此外，通过加大对海洋经济人才的培养，提升各地区的技术水平和研发能力，也为区域协调发展提供支持。

由此可见，海洋经济的区域协调发展是一个系统工程，需要从产业互补、基础互联互通、政策协调、生态保护和科技创新等多方面入手。通过各地的共同努力和紧密合作，海洋经济可以成为促进区域均衡发展的重要动力，推动各地共同迈向更加繁荣和可持续的未来。

013　海洋经济如何促进城乡一体化发展？

随着海洋经济的快速发展，如何将其带来的机遇惠及城乡一体化，已成为一个值得深入探讨的话题。海洋经济不仅仅是沿海地区的专属财富，它的影响力和发展潜力可以辐射到内陆地区，促进城乡之间资源、产业、技术的流动与融合，从而推动城乡一体化的发展。海洋经济通过多层面的互动，可以为城乡协调发展注入新的动力。

海洋经济推动产业链延伸和转型。随着海洋资源的开发，沿海地区逐渐形成了渔业、港口、海洋能源、海洋旅游等多个产业链。这些产业链不仅为沿海地区带来了经济增长，也为内陆地区提供了产业延伸的机会。比如，海洋产业的深加工和装备制造业可以带动内陆地区的产业发展，尤其是在海洋装备制造、海洋生物医药、海洋能源设备等领域，内陆地区的制造业和高新技术产业将获得更多的机会。而随着这些产业向内陆延伸，城市和乡村之间的经济互动愈加紧密，城乡之间的经济差距逐渐缩小。

海洋经济促进基础设施建设互联互通。城乡一体化的关键在于基础设施的互联互通，特别是在交通和物流方面。海洋经济的发展往往伴随着港口、航运、物流等基础设施的不断升级，随着港口物流网络的拓展和海上交通的畅通，内陆地区也能更好地与全球经济接轨。通过推动沿海城市与内陆地区之间的运输和物流建设，促进城乡之间的资源流动，降低物流成本，让更多的农村产品通过海运走向世界，提升城乡经济的整体效率。

海洋经济为农村提供了新的发展机会。传统的农村经济往往依赖于农业，而随着海洋经济的带动，农村地区可以借助沿海城市的经济辐射，发展与海洋相关的产业，比如海洋渔业、海洋旅游、海洋生态农业等。许多沿海渔业资源丰富的地方，通过发展海洋渔业合作社、发展海鲜深加工等产业，为农村提供新的就业机会和收入来源。同时，海洋旅游的兴起也为农村地区的农民提供了发展乡村旅游的机会，增强了农村的自我发展能力。

海洋经济促进技术与知识的流动。在海洋经济的带动下，科技创新和高端技术的发展进入了加速期。尤其是在海洋能源、海洋生物技术等领域，相关技术不断突破。这些技术和知识的流动，促进了城乡之间的信息共享和技术交流。内陆地区可以借助海洋经济发展的创新成果，推动当地产业的转型升级，尤其是在农村地区，通过引入海洋经济相关的现代化技术，可以提升农业的生产力，改善农民的生活条件。

海洋经济推动绿色、可持续发展。海洋经济的可持续发展理念也为城乡一体化提供了新的思路。对绿色能源、海洋生态保护等领域的投入，不仅能够保护海洋生态环境，还能推动生态农业、绿色建筑等行业的发展，使城乡发展更加注重环境保护与资源利用的平衡，促进可持续发展。

总之，海洋经济通过产业延伸、基础设施互联、技术创新、绿色发展等多个方面，促进了城乡一体化的进程。它不仅为城市带来了经济增长，也为农村提供了新的发展机遇。通过海洋经济的带动，城乡之间的差距逐渐缩小，城乡一体化的目标逐步实现，为社会的和谐发展奠定了坚实的基础。

014 生活中高频接触的海洋产业有哪些？

海洋产业，并非只存在于那遥远的深海之中，它与我们日常生活的点点滴滴紧密相连。我们每天使用的众多产品和服务，或多或少都与海洋产业有所关联。接下来，就让我们一起看看生活中涉及的海洋产业。

首先不得不提的是海洋渔业，这恐怕是我们接触最多的海洋产业了。不管是在超市采购，还是在餐馆点餐，各种海鲜美食总是备受青睐。海洋渔业不仅为我们带来了丰富的食材，像鱼、虾、蟹、贝类等，还为全球数亿人解决了就业问题。随着渔业科技的不断进步，捕捞方式也从传统的手工捕捞逐渐转变为更高效、更可持续的现代化捕捞和养殖模式，对我们的饮食产生了深远的影响。

海洋旅游也是与我们生活息息相关的一大产业。如今，人们的生活水平提高了，海滨度假和海岛旅游成了热门的休闲选择。好多人喜欢去海边享受阳光沙滩，尽情畅游海水，体验潜水、冲浪等刺激的活动。海洋旅游不仅带动了沿海地区的经济发展，还让更多人领略到了海洋独特的魅力。

再来说说海洋交通和航运，这可是和我们日常生活紧密相连的重要部分。全球超过80%的国际贸易都依靠海洋运输来完成。我们日常所需的各种商品，无论是食品还是电子产品，大多通过船只从世界各地运到我们手中的。而且，海洋航运业的发展也推动了众多港口城市的繁荣，成为重要的经济增长动力。

海洋能源也逐渐走进我们的生活。虽然我们平时可能感受不到，但海洋风能、潮汐能等新能源的开发利用已经越来越多地影响着我们。比如风力发电站和海上风电场的建设，有助于减少对传统能源的依赖，为可持续发展助力。尽管这些能源的利用方式相对间接，但它们对社会能源结构的改变，却在潜移默化中影响着每个人的生活品质。

最后，海洋生物医药产业也在默默守护着我们的健康。海洋生物，特别是一些特殊的海洋生物，其独特的生物活性成分被提取出来用于研发新药。许多现代药物的成分，尤其是抗癌药物、抗病毒药物等，都源自海洋生物。这项技术正在为现代医学带来新的突破，让我们的健康更有保障。

总的来说，海洋产业的足迹已经遍布我们生活的各个角落。从餐桌上的美味海鲜，到度假时的海岛之旅，再到支撑全球贸易的海上航运，以及关乎未来的能源开发，海洋产业对我们的影响既深远又多元。随着科技的持续进步，我们与海洋产业的联系会愈发紧密，海洋经济在未来也必将发挥更为重要的作用。

第二章

海洋资源的种类与利用

015　海洋生物资源有哪些?

海洋，是地球上规模最为庞大、内容最为丰富的生态系统之一，这里头藏着种类繁多、资源极为丰富的海洋生物。海洋生物资源不单单是人类食物供应的重要源头，而且是医药、化工、能源这些行业的重要材料来源，成为研究、开发以及保护的重要对象。

海洋渔业资源，比如说鳕鱼、鲭鱼、鲑鱼、金枪鱼等鱼类，在全球的食物链里占据重要角色。虾、蟹等甲壳类生物也是人类餐桌上的美味佳肴。还有牡蛎、蚌、扇贝等贝类，不光吃起来美味，还有很高的经济价值，有些贝类的壳都能拿去做珠宝。另外，海洋生物能提供大量蛋白质和微量元素，是全球许多国家重要的食物来源。

海洋生物具有很高的药用价值。海洋里有不少生物，尤其是微生物、藻类和一些海洋动物，它们含有独特的化学成分，能用来开发新的药物。比如海藻里的多糖类物质，已经被用来开发抗癌药物和免疫调节药物。还有一些海洋软体动物，比如海螺、海星等动物分泌的天然物质，在现代医学中也有应用，能治疗感染、止痛、抗炎等。海洋药物的开发潜力巨大，特别是对于一些传统药物治不好的疾病，海洋生物资源能提供更多治疗方案。

海洋生态资源对维持海洋生态系统和地球环境的健康相当重要。好多海洋生物在维持海洋生态平衡中起着关键作用。珊瑚礁就像“海洋的热带雨林”，是数百种海洋生物的家，能有效地保护海岸线不被侵蚀。像海草和海藻，不但能吸收二氧化碳，减轻全球气候变暖的影响，还为海洋生物提供了食物和栖息的地方。海洋浮游生物作为海洋生态食物链的基础，维持着整个海洋生态系统的平衡，对全球碳循环也有大作用。

海洋能源资源虽然不完全算生物资源，但和海洋生物资源联系紧密。随着技术发展，海洋生物的能源潜力慢慢被发现，比如利用海洋藻来生产生物燃料。藻类通过光合作用，能把二氧化碳变成有机物，成为生物燃料的原料。还有海洋生物的废弃物，如动物残骸，能转化成生物气体。这些都给未来清洁能源开发提供了新思路。

总的来看，海洋生物资源种类很多，涉及食品、药物、生态保护和能源等领域。随着对它们的深入研究和开发，海洋生物资源的潜力和价值不断被挖掘出来。但是，在享受这些资源带来的好处时，我们需要了解海洋生态系统也有脆弱的一面，合理开发、保护并且可持续利用海洋生物资源，才能给未来留下可持续发展的空间。

016　中国的海洋渔业现状如何?

中国是世界上最大的海洋渔业生产国之一，海洋渔业在国家经济中占据着重要地位。随着科技的进步和政策的推动，中国海洋渔业的发展取得了显著成就，但也面临着诸多挑战。要了解中国海洋渔业的现状，我们需要从资源状况、产业发展和可持续性等几个方面来看。

第一，海洋渔业资源的变化是影响中国渔业发展的关键因素。由于多年的过度捕捞，部分海洋渔业资源已面临枯竭的风险。中国近海渔业资源的下降趋势尤为明显，许多传统的渔业捕捞区域已无法提供足够的渔获。根据一些统计数据，中国的海洋渔业产量自20世纪80年代以来逐渐下降，尤其是一些重要的鱼类，如黄鳍金枪鱼、带鱼等的渔获量明显减少。与此同时，由于捕捞压力过大，一些濒危物种如海龟、海豚等也面临生存困境，生态环境的恶化使得渔业资源的恢复变得愈加困难。

第二，海洋渔业的产业结构正在发生变化。近年来，随着捕捞资源的减少和环境压力的加大，中国海洋渔业产业逐渐从单纯的捕捞转向养殖业的发展。海水养殖成为中国渔业产业的新增长点，尤其是对虾、海带、贝类等养殖的规模不断扩大。此外，远洋渔业也得到了政府的重点支持，中国的远洋渔船数量不断增加，渔业资源逐渐向远洋发展。远洋渔业不仅能够缓解近海渔业资源的压力，还能带来更多的经济效益。然而，远洋渔业的扩张也伴随着对国际渔业资源的争夺，这对中国渔业企业的国际合作和资源保护提出了更高要求。

政策和技术支持也是影响中国海洋渔业现状的重要因素。政府近年来加大了对渔业资源保护的投入，制定了一系列法律法规来控制过度捕捞，推进渔业资源的可持续利用。例如，实施渔业禁渔期和渔业资源恢复计划，禁止非法捕捞行为，推进渔业捕捞技术的现代化。与此同时，科技创新也在不断推动渔业生产方式的转型，比如通过遥感技术监控渔业资源、通过基因技术提高水产养殖的效率等。科技的进步不仅提升了渔业的生产能力，还为渔业的可持续发展提供了技术保障。

然而，可持续发展仍然是中国海洋渔业面临的最大挑战。虽然政策和技术取得了一定的进展，但过度捕捞、环境污染以及气候变化等因素仍然影响着渔业资源的恢复。近年来，海洋生态环境的破坏加剧了渔业资源的萎缩，海洋污染导致了许多渔业生物的栖息地遭到侵害，水质恶化进一步威胁到养殖业的可持续性。因此，如何在满足经济发展需求的同时，实现渔业资源的可持续管理，成为中国海洋渔业亟待解决的问题。

由此可见，中国海洋渔业在取得发展成就的同时，面临着资源枯竭、生态恶化和可持续性发展等多方面的挑战。未来，中国将需要进一步加强渔业资源的保护与管理，推动产业结构的优化升级，实施更加科学、可持续的渔业政策，才能确保海洋渔业在未来继续为国家经济和人民生活提供保障。

017　海洋渔业资源可持续发展面临哪些挑战?

海洋渔业作为全球重要的食品来源和经济支柱，其可持续发展直接关系到生态环境、经济增长和人类福祉。随着捕捞强度的不断增加和环境压力的日益加大，海洋渔业资源的可持续性面临着严峻的挑战。为了确保海洋渔业能够持续繁荣，我们需要认识到这些挑战，并采取相应的应对措施。

过度捕捞是海洋渔业可持续发展的最大挑战之一。长期以来，过度捕捞导致许多鱼类种群的数量急剧下降，甚至出现物种灭绝的风险。尤其是一些经济价值较高的鱼类，如金枪鱼、鳕鱼等，由于过度捕捞，渔业资源难以恢复。即便有禁渔期和捕捞限制，但非法捕捞活动和渔业管理的不完善，依然让过度捕捞屡禁不止。过度捕捞不仅破坏了生态平衡，还使得渔业资源的恢复期延长，造成了渔业生产能力的下降。

气候变化对海洋渔业资源的影响愈发明显。随着全球气温上升，海洋的温度、盐度、酸度等因素发生变化，导致渔业资源的栖息环境发生改变。例如，温暖的水域可能会导致一些鱼类向更凉爽的水域迁移，从而改变渔业资源的分布格局。气候变化还加剧了海洋酸化的进程，破坏了海洋生态系统，影响了渔业的生产能力。气候变化不仅改变了渔业资源的种群数量，还影响了渔业捕捞的稳定性，给渔业经济带来不确定性。

海洋污染也是制约海洋渔业可持续发展的一个重要因素。塑料垃圾、化学污染物、农业和工业废水等通过河流和大气进入海洋，导致水质恶化，危害水生物的健康。这些污染物不仅对鱼类的生长繁殖产生负面影响，还可能通过食物链影响到人类健康。海洋污染已成为影响海洋生态环境和渔业资源的重要因素，减少污染排放和加强环境治理成为当务之急。

渔业管理和政策执行不足也是可持续发展的障碍之一。尽管世界各国都在推动渔业资源的可持续利用，但部分地区的渔业管理仍然存在不完善和执行不力的问题。非法、不报告、不管制渔业活动的存在，使得渔业资源的保护工作面临巨大的困难。同时，缺乏有效的渔业资源监测和评估，导致渔业管理措施难以精准落实，进而影响资源的恢复和可持续发展。

生态系统的退化也是一个不容忽视的问题。随着渔业资源的减少，海洋生态系统逐渐退化，珊瑚礁、海草床等海洋生物重要栖息地被破坏，影响了渔业资源的多样性和生产能力。生态系统的健康对于渔业的可持续发展至关重要，只有恢复和保护好这些生态系统，才能为渔业资源提供一个稳定的生长环境。

由此可见，海洋渔业资源的可持续发展面临着过度捕捞、气候变化、海洋污染、管理不足和生态系统退化等多重挑战。解决这些问题不仅需要国际社会共同努力，加强政策合作与执行力，还需要科技的支撑和创新，以实现海洋渔业资源的长期健康发展。

018 海洋生物医药产业前景如何？

海洋生物医药产业，作为现代生物医药领域的重要组成部分，近年来受到了广泛关注。海洋是地球上资源最丰富的宝库之一，拥有无数尚未被完全了解的生物物种。这些生物所分泌的天然物质，蕴藏着巨大的药用潜力。随着科技的进步和人类对海洋生物多样性认识的不断深入，海洋生物医药产业正在展现出巨大的前景。

第一，海洋生物的药用价值为该产业的发展奠定了基础。海洋生物种类繁多，从微小的浮游生物到庞大的海洋哺乳动物，每一种生物都可能拥有独特的生物活性物质。例如，海洋软体动物、海藻、海洋细菌和真菌等所产出的天然化合物，已被证明具有抗癌、抗病毒、抗菌、抗炎等多种药理活性。近年来，科学家们从海洋生物中提取了多种有潜力的药物成分，如来自海洋生物的抗癌药物海龙和海鞘。这些药物不仅效果显著，而且往往比传统药物副作用更小，治疗靶向性更强。因此，海洋生物医药产业无疑是一个极具发展潜力的新兴领域。

第二，技术的进步为海洋生物医药产业的扩展提供了有力支持。传统的药物开发方法大多依赖陆地生物资源，而海洋生物资源由于其生存环境的特殊性，一直未被充分开发。然而，近年来随着生物技术、基因组学、化学合成技术等的快速发展，科学家能够更加高效地从海洋生物中提取有效成分，并通过现代药物开发技术进行优化。这使得海洋生物医药产业的研究从单一物种的筛选，向更大规模、更多元化的方向发展。基因编辑、蛋白质工程等新技术的应用，也使得海洋生物药物的生产更具可控性和效率。

第三，市场需求的增长是推动海洋生物医药产业快速发展的另一个重要因素。随着全球人口老龄化和生活方式的变化，慢性病、癌症、免疫性疾病等健康问题日益突出，传统药物的疗效和副作用成为患者和医生关注的重点。海洋生物药物由于其天然性、特异性的特点，满足了市场对高效、低毒、靶向治疗药物的迫切需求。尤其在癌症治疗和抗感染领域，海洋生物药物的应用前景广阔，市场需求不断增加，这为海洋生物医药产业的持续增长提供了强大动力。

第四，产业发展的挑战也不可忽视。首先，海洋生物资源的开采受到自然环境的限制，许多具有潜力的海洋生物仅分布在深海区域，开采和保护成本较高。其次，海洋生物药物的开发过程涉及复杂的筛选、提取、合成和临床验证等环节，技术要求高，投入大，周期长。此外，海洋生态环境的保护也成为产业发展的重要课题。如何在开发海洋生物资源的同时，保护海洋生态平衡，避免资源过度开发和生态破坏，是该产业必须面对的课题。

总的来说，海洋生物医药产业具有巨大的市场潜力和发展前景，尤其在新药开发、癌症治疗、抗病毒和抗菌药物领域，未来将展现出更多创新突破。然而，行业的可持续发展依赖于科技的进步、资源的合理利用以及环境保护的有效措施。随着科研投入的加大和产业政策的支持，海洋生物医药产业无疑将成为未来生物医药领域的一个重要组成部分。

019 中国海洋油气资源保护区如何成功运行?

中国的海洋油气资源保护区，是在保障国家能源安全、保护海洋环境和促进可持续发展的背景下设立的。这些保护区的设立不仅有助于合理开发海洋油气资源，还能够保护海洋生态系统，防止过度开采对环境造成不可逆的破坏。随着国内外能源需求的不断增加，如何在确保能源供给的同时，实现资源的可持续利用，已成为中国海洋油气资源开发面临的重要挑战。

中国的海洋油气资源分布广泛，主要集中在东海、南海和渤海等海域。这些区域的油气资源潜力巨大，是中国能源战略中的关键组成部分。为了有效保护这些资源，避免无序开发对生态环境的长期影响，中国政府已设立了一系列海洋油气资源保护区。这些保护区不仅限于天然气田和油田的勘探和开采，还包括与油气开采相关的海洋生态环境保护措施。通过对油气开采活动的合理监管，确保石油、天然气开采等活动不对海洋生态系统造成过大影响。

海洋生态保护与资源开采的平衡是海洋油气资源保护区的核心目标。在过去的开发过程中，部分区域由于缺乏有效的环境管理，曾经出现过油气开采与生态破坏之间的冲突。例如，部分海域的过度开采导致水质恶化、渔业资源减少以及海洋生物栖息地的破坏。为了应对这些问题，中国加大了对海洋环境保护的力度，采取了更加严格的监管措施。例如，实施海洋油气开采项目环境影响评估、设立禁采区、加强污染防治等，逐步推动“绿色开发”模式。

技术创新也是保障海洋油气资源保护区成功运行的重要手段。随着科技的进步，越来越多的先进技术被引入海洋油气开采过程中，如深海钻探技术、智能化平台、污染处理技术等。这些技术的应用不仅提升了资源开发效率，还能有效降低环境风险，减少对海洋生态的损害。

中国海洋油气资源保护区的成功运营，离不开技术与环境管理的有机结合。一方面，海洋油气资源开发的技术门槛较高，深海油气勘探和开采仍面临诸多困难，尤其是深海区的生态环境更为脆弱。另一方面，尽管中国在海洋资源保护方面采取了很多积极措施，但如何进一步加强海洋油气资源的监管，防止生态破坏和资源浪费，仍然是一个长期而复杂的课题。特别是在全球能源需求不断增长的背景下，如何平衡能源安全与环境保护，将是未来海洋油气资源保护区政策和管理的关键。

总的来说，中国的海洋油气资源保护区在保障能源安全、推动可持续发展方面发挥着重要作用。通过严格的环境管理、技术创新和政策推动，中国正在为海洋油气资源的合理开发与生态保护创造一个更加平衡的局面。然而，随着资源需求的不断增加，如何进一步优化保护区的管理和开发方式，依然是一个亟待解决的长期课题。

020　深海油气的开采有哪些技术挑战？

深海蕴藏着巨量的油气资源，是全球能源战略中的重要组成部分。然而，深海油气的开采不仅是一项技术难度极高的工程任务，还面临着多重挑战。这些挑战涉及复杂的环境条件、极端的工作环境以及高成本的技术投入。以下是深海油气开采过程中面临的一些主要技术挑战。

深海环境的复杂性是开采中的首要挑战。深海区域的水深可达到几千米，压力极大，温度较低，海水盐度和腐蚀性也非常强。这些条件对开采设备的设计、生产和维护提出了很高的要求。常规的石油开采设备在深海环境下往往无法承受如此严苛的条件，设备的耐久性和可靠性成了技术研发的难题。因此，开发出适应深海环境的设备，如耐高压、高腐蚀性、低温下仍能正常工作的海底钻探平台和油气生产系统，是目前亟待解决的问题。

深海钻探技术是深海油气开采的核心技术之一。随着油气储量逐渐向深海转移，深海钻探的技术需求也在不断提高。深海钻探需要具备高精度的定位能力，确保钻井作业的准确性。此外，深海钻探设备的运作需要克服水深、海底地质等多种不确定因素的干扰，特别是在软弱地层、裂缝区等复杂地质条件下，钻探作业的难度更大。一旦发生设备故障或钻井事故，修复和应急处理的难度也会大幅增加。

海底油气开采与储存的技术挑战也不容忽视。深海油气开采通常需要通过海底管道将油气输送到海面平台进行处理。然而，海底管道的铺设、连接以及运输过程的稳定性和安全性都面临着严峻考验。海底管道需要承受巨大的水压力，并且抵御海底地质变化、海流、腐蚀等因素的影响。因此，开发耐高压、高腐蚀性的材料以及创新的管道铺设技术，成为保障深海油气开采安全的关键。

因此，环境保护与监测也是深海油气开采必须面对的重要技术挑战。深海环境脆弱，一旦发生泄漏、溢油等事故，后果可能是灾难性的。为了避免对生态环境造成破坏，深海油气开采必须在严格的环境监测和控制下进行。采用实时监测技术，进行水质、水温、油气浓度等关键参数的监控，成为保障海洋生态安全的重要手段。

高成本和高风险是深海油气开采不可忽视的挑战。深海开采的设备投入巨大，运营成本高昂，且技术风险较大。尽管随着技术的进步，深海油气的开采效率和安全性逐步提高，但其高昂的成本依然是决定是否进行深海油气开采的重要因素。

总的来说，深海油气开采的技术挑战不仅限于设备、钻探、储存等方面，还涉及复杂的环境保护与安全管理。随着技术的不断进步，未来深海油气开采将越来越具可行性，但要实现大规模、持续性的开采，仍然需要克服技术、经济和环境等多方面的困难。

021 海洋矿产资源的开发潜力如何?

海洋矿产资源在近年来成为海洋经济中的重要组成部分。随着陆地矿产资源逐渐枯竭，海洋矿产逐步被视为未来能源与原材料的关键来源。在全球资源日益紧张的背景下，海洋矿产资源的开发潜力愈发显得至关重要。

海底矿产的丰富性是海洋矿产资源开发潜力的基础。海洋中蕴藏着丰富的矿产资源，主要包括海底金属矿、稀土元素、磷矿、盐矿、石油、天然气等。尤其是在深海地区，科学家已经发现了大量的多金属结核、海底热液矿床等珍贵矿产，这些资源的开采不仅能够为全球的能源需求提供支持，还可能成为一些高技术产业的重要原料。例如，稀土矿物在电子、能源、军事等领域的需求日益增加，而海洋中丰富的稀土资源恰恰能为这些产业提供稳定的原材料供应。

海洋矿产资源的开发技术逐渐成熟，为资源开采提供了可能。随着海洋勘探技术的不断发展，科学家已经能够更深入地探索海洋矿产资源的分布和种类。现代海底勘探技术如遥感探测、海底钻探、三维地质勘查等，不仅大大提高了资源探测的精度，也使得深海矿产的开发变得更加可行。此外，深海矿物开采技术也在不断突破，从传统的浅海矿物开采到深海矿产的高效、安全开采，技术进步为海洋矿产资源的开发带来了更大的潜力。

环境保护是开发海洋矿产资源时必须考虑的重要因素。海洋生态系统相对脆弱，如果矿产资源的开采没有严格的环境保护措施，可能会对海洋生态产生严重影响。例如，深海开采过程中可能会破坏海底生物栖息地，污染海水，甚至引发海底生态链的崩塌。因此，在开发海洋矿产资源的过程中，必须高度重视环境保护，采取更加精细化的管理措施，确保资源的可持续利用。技术创新，特别是在绿色开采、污染控制等方面的发展，将是保证海洋矿产资源开发可持续性的关键。

开发海洋矿产资源也面临不少挑战。首先，深海区域开采成本高，技术难度大，尤其是在水深超过几千米的深海环境中，开采设备需要承受巨大的水压和极端的环境条件，设备的可靠性和成本成为制约因素。其次，国际海洋法和海洋资源的主权问题也是海洋矿产资源开发面临的挑战之一。不同国家对海洋资源的争夺和管理，可能导致开发的复杂性增加，甚至引发地区性冲突。

总体而言，海洋矿产资源的开发潜力巨大，尤其是在能源和高新技术材料需求不断增加的情况下。随着勘探和开采技术的不断发展，海洋矿产资源有望成为未来的重要能源与原材料来源。然而，如何平衡资源开发与生态保护，如何解决技术、成本和法律等问题，将是确保海洋矿产资源开发可持续发展的关键。

022 海洋风能在中国的发展前景如何？

作为可再生清洁能源的典型代表，海洋风能不仅契合国家节能减排的战略布局，更为绿色低碳经济注入强劲动能。在技术创新与政策扶持的双重驱动下，这片蓝色疆域正孕育着令人瞩目的发展机遇。

得天独厚的资源禀赋为中国海洋风能奠定坚实基础。中国的海域面积广阔，海岸线长达1.8万公里，具有极为优越的海洋风能资源。根据相关研究，中国东部和南部海域风速适中，适宜建设海上风电项目，特别是渤海、黄海、东海等海域风能资源丰富，年风速较高，风能利用潜力巨大。随着中国政府对海洋风能资源的开发逐渐重视，未来这部分资源的开发前景将更为广阔。

技术创新浪潮持续改写行业版图。近年来，海洋风能技术不断进步，特别是在海上风电设备、风电场建设、并网技术等方面取得了显著突破。随着涡轮机功率不断增大，海上风电场的建设成本逐渐降低，海洋风能的经济性和竞争力也得到大幅提升。尤其是在风力发电机组设计、海底电缆铺设、风电场运维等技术方面的不断创新，为中国的海洋风能产业发展提供了坚实的技术保障。

政策引擎的持续发力构建起立体化支撑网络。中国政府对海洋风能的政策支持逐步加强，出台了一系列鼓励海洋风电发展的政策措施。例如，在“十四五”规划中，海洋风能被明确列为重点发展的绿色能源之一。同时，国家和地方政府纷纷出台了财政补贴、税收优惠等激励政策，为海洋风电项目的开发提供了资金支持。加上我国在海洋风电产业链方面的逐步完善，从设备制造到项目建设，再到后期的运维管理，都为海洋风电产业的可持续发展提供了强有力的支撑。

在蓬勃发展的同时，行业仍需跨越关键障碍。建设成本较高是海洋风电发展的一个重要障碍。海上风电项目的建设成本相较于陆上风电项目更为昂贵，包括设备投入、海底电缆敷设、海上运输等环节的高成本，限制了其大规模开发的速度。此外，海上风电的运维难度也较大，风电场的维护和管理需要面对恶劣的海洋环境和复杂的海底地质条件，这对技术和人才的要求较高。

总体来看，中国海洋风能具有广阔的发展空间。随着政策的支持和技术的不断成熟，海洋风能将在未来几年成为中国可再生能源的重要组成部分。尤其在实现“双碳”目标的背景下，海洋风能有望在中国能源结构转型中扮演越来越重要的角色。尽管面临一些挑战，但随着市场和技术的不断完善，海洋风能的前景无疑是光明的。

023 海洋能源有哪些种类?

海洋能源，作为一种潜力巨大的可再生能源，近年来受到了越来越多的关注。随着全球对清洁能源需求的增长，海洋能源凭借其丰富性和可持续性，成为各国能源战略中的重要组成部分。海洋能源的种类多样，主要可以分为潮汐能、波浪能、海流能、海洋温差能和海水温差发电等几大类。

潮汐能是最为人熟知的一种海洋能源，由月亮和太阳引力的作用引起的海水涨落现象产生能量。其周期性和可预测性使能源开发具有高度稳定性，主要通过修建潮汐电站、坝体或水轮机装置，利用潮水涨落发电。尽管开发成本较高，但海岸线较长的国家或地区对潮汐能的开发前景尤为看好。

波浪能通过海面波浪运动产生能量，其波动频率和幅度比潮汐能更复杂，但能源潜力同样显著。开发技术包括浮动装置和波浪发电机，可将海浪的上下波动转化为机械能或电能。与潮汐能相比，波浪能具备全年持续产出的特性，在适宜海岸条件的区域被视为未来绿色能源的重要来源。

海流能利用海水流动的动能发电，主要来源于洋流等大规模水流系统。尽管受全球气候系统影响，其稳定性仍较强。开发技术以水下涡轮机为核心，通过海水持续流动驱动发电。虽然技术挑战较大，但海流能的高能源密度和可持续性使其成为研究热点。

海洋温差能通过表层与深层海水之间的温度差异转化热能发电。热带和亚热带海域因温差显著更具开发潜力，目前相关技术虽处于实验阶段，但已展现出构建稳定清洁能源系统的可能性。

海水温差发电作为新兴技术，聚焦深海水与近海水温差异的能量转化。尽管尚处探索阶段，其低成本、低污染的特点一旦实现技术突破，可能成为全球能源供给的革命性解决方案。

总体而言，海洋能源种类丰富，各具特色。随着技术的发展和投资的增加，海洋能源在未来可能成为全球能源结构中的重要组成部分。尤其是在应对气候变化、实现绿色低碳目标的过程中，海洋能源无疑是未来可持续能源体系中不可忽视的一部分。

024 中国如何发展海洋能源产业?

中国海洋能源产业发展战略正迎来历史性机遇窗口。在应对全球气候变局与能源革命的背景下，这片蓝色疆域的深度开发不仅关乎能源结构转型，更是培育新质生产力的战略高地。从黄海之滨到南海深蓝，一场以技术创新为驱动的海洋能源革命正在加速演进。

政策引擎的持续发力构建起制度保障体系。中国政府已明确将海洋能源列为未来能源发展的重要组成部分，尤其是在“十四五规划”中，海洋能源被赋予了战略地位。为促进海洋能源产业的快速发展，中国需要通过制定和完善相关政策，提供资金支持、税收优惠和技术研发补贴等激励措施。此外，还须进一步加强海洋能源开发的法律法规建设，保障开发过程中的环境保护、资源利用以及可持续发展等方面的合规性。

技术突破正在重塑产业竞争格局。海洋能源开发涉及复杂的技术难题，如海上风电机组的耐久性、海底电缆的稳定性以及深海环境中的能源开发等。中国应加大对海洋能源技术的研发投入，鼓励国内企业与科研机构加强合作，攻克技术瓶颈，提高设备的经济性和可靠性。同时，还应推动海洋风电、潮汐能、波浪能等多种海洋能源的协同发展，通过技术创新降低成本，提高能源产出效率。

产业链协同创新催生集群效应。海洋能源产业不仅包括资源勘探、开发建设，还涉及设备制造、运维管理、环境监测等多个环节。中国应加快推动海洋能源产业链的完善，特别是在风电机组、海底电缆、海洋能转换装置等关键领域的技术突破与产业化。在全球竞争日益激烈的背景下，中国应依托本土优势，推动形成具有国际竞争力的海洋能源产业集群，提升产业的整体发展水平。

全球合作网络加速资源整合。随着全球对清洁能源需求的增加，许多发达国家在海洋能源开发方面已积累了丰富经验。中国应借鉴国际先进经验，推动与其他国家在海洋能源领域的合作，特别是在技术交流、设备制造、项目建设等方面，打造合作共赢的局面。此外，参与全球海洋能源相关的国际标准制定，也能提升中国海洋能源产业的国际影响力。

生态优先理念贯穿开发全程。海洋能源的开发必须在确保环境可持续的前提下进行。中国应加强对海洋生态环境的监测与保护，建立健全海洋能源开发的环境评估机制，避免过度开发造成生态失衡。与此同时，探索绿色低碳的技术路线，将有助于减少开发过程中的环境影响，为海洋能源的长远发展奠定基础。

由此可见，中国发展海洋能源产业，必须从政策引导、技术创新、产业链布局、国际合作和环境保护等多方面入手，形成全方位、可持续的产业发展战略。随着技术进步和政策的不断优化，中国在海洋能源领域的未来可期。

025　跨国海洋资源开发与合作如何进行？

随着全球对海洋资源的需求日益增加，跨国海洋资源开发与合作成为各国在海洋经济领域中的重要议题。海洋资源，如渔业、油气、矿产等，跨越国界分布，各国在利用这些资源时往往需要共同协调与合作。

建立国际合作框架与法律机制是实现跨国海洋资源开发合作的基础。涉及多国海域的海洋是全球公域资源，涉及的国家众多，各国在开发和利用海洋资源时，必须遵循国际海洋法和相关协议。例如，《联合国海洋法公约》为各国提供了明确的海洋资源开发法律框架，规定了专属经济区、领海等海域的使用权和开发权。在此框架下，海洋资源的开发与共享应遵循公正、合理和可持续的原则，确保资源的最大化利用并避免冲突的产生。

促进多边合作与协调机制至关重要。由于海洋资源的分布往往涉及多个国家的海域，单一国家的力量难以有效管理和开发。因此，多国之间的协调和合作显得尤为重要。国际组织和合作平台，如亚洲开发银行、国际海底管理局等，已经在一定程度上为跨国合作提供了平台和保障。在这种多边合作机制下，各国可以就资源开发、环境保护和技术分享等方面达成共识，推动资源的联合开发。

共享技术与知识是跨国合作中的关键。海洋资源的开发往往需要先进的技术支持，尤其是在深海资源开发、海上风电等领域，技术门槛较高。通过跨国合作，各国可以共享技术、设备和研究成果，提高资源开发的效率和安全性。例如，一些发达国家在海上风电、海底油气开发等方面拥有丰富的经验，发展中国家可以借助这些技术实现资源的可持续利用。技术合作不仅能够降低开发成本，还能为各国创造更多的经济效益。

环境保护与可持续发展是跨国合作中的重要议题。海洋资源开发不可避免地会对生态环境产生影响，尤其是在深海资源开采和大规模渔业活动中。各国在开发海洋资源时，必须共同承担保护海洋生态环境的责任。因此，跨国合作不仅仅是资源共享，也应包括环境保护的合作。各国应共同制定环境评估和监测机制，确保海洋资源开发的可持续性。例如，联合实施跨境海洋保护区管理、污染防控和生态恢复等合作项目，以确保海洋资源在开发过程中不被过度利用或破坏。

经济和政治互信的建立是推动跨国合作的重要保障。海洋资源的开发往往涉及利益分配问题，因此，国家间的信任与合作显得尤为重要。通过定期沟通、共同解决争端、加强经济合作等方式，可以减少合作过程中的摩擦，促进各方利益的平衡。

由此可见，跨国海洋资源开发与合作是一项复杂的系统工程，涉及法律、技术、环境、经济等多个方面。通过建立国际法律框架、多边合作机制、技术共享和环境保护等措施，各国可以在实现合作共赢的同时，确保海洋资源的可持续开发。这种合作模式将为全球海洋经济的繁荣与和平提供坚实的基础。

026　海洋环境与资源的双重保护如何实现?

海洋不仅是地球的重要生态系统，也是全球经济发展的重要支柱。然而，海洋环境和资源面临着诸多威胁，如污染、过度捕捞、气候变化等，如何实现海洋环境与资源的双重保护，成为全球关注的焦点。实现这一目标需要从政策、技术、国际合作等多方面入手，确保海洋资源在可持续利用的同时，保护海洋生态系统的健康。

加强法律法规建设与政策引导是海洋环境与资源保护的基础。各国应在国际法框架下，制定更加严格的海洋环境保护和资源利用规定。中国在这方面已有诸多举措，例如通过《中华人民共和国海洋环境保护法》来规范海洋污染的治理、加强海洋生态保护区的建设，并推动海洋资源的可持续利用。此外，全球范围内的合作也至关重要，《联合国海洋法公约》为各国海洋资源的使用和保护提供了法律依据。通过国际间的合作与协调，能够有效避免跨国界的污染与资源冲突，实现全球海洋环境与资源的双重保护。

采用绿色技术和可持续发展模式是关键。海洋资源的开发往往会对环境造成一定压力，尤其是深海油气开采、大规模渔业捕捞等活动。为实现资源的可持续利用，必须大力推进绿色技术的研发和应用。例如，发展更加环保的海上风电和潮汐能技术，减少对海洋生态的干扰；推行可持续的渔业管理模式，避免过度捕捞和物种灭绝；使用环保材料和技术进行海上资源开采，减少对海洋生物栖息地的破坏。通过技术创新，能够实现资源开发与环境保护的双赢。

加强海洋生态保护区的建设与管理也是实现双重保护

的有效途径。海洋生态保护区可以有效地保护重要的生态功能区和物种栖息地，减少人类活动对生态系统的干扰。通过科学的划定和严格的管理，能够为海洋生物提供一个安全的栖息地，同时维护海洋生态系统的健康。这些保护区不仅对海洋生物多样性至关重要，还能为资源的可持续利用提供长期保障。例如，中国在沿海地区已设立多个海洋保护区，实施生态恢复项目，并加强生态环境监测，确保保护措施的有效性。

加强公众教育与社会参与也是实现双重保护的不可忽视的环节。海洋环境和资源的保护不仅仅是政府和企业的责任，更是全社会的共同责任。通过开展海洋环保意识教育、推广绿色消费理念，增强公众对海洋环境保护的重视，能够激发社会各界的参与热情。与此同时，加强科学研究与数据共享，为政策制定者提供准确的海洋环境与资源状况评估，有助于制定更为科学和有效的保护措施。

强化国际合作与信息共享是全球海洋保护的重要保障。海洋是全球共享的资源，各国的行动往往会相互影响。因此，国际合作至关重要。例如，跨国海洋生态保护项目的合作、共享环境监测数据、联合应对海洋污染等，都是全球海洋保护的关键举措。通过加强国际合作，各国不仅可以共同应对海洋环境问题，还能够实现资源的共享与公平利用。

由此可见，实现海洋环境与资源的双重保护需要法律、技术、生态保护、公众参与和国际合作等多方面的共同努力。只有各方齐心协力，才能确保海洋资源的可持续利用，同时保护海洋生态环境免受破坏，推动海洋经济与生态的和谐发展。

第三章

海洋产业的主要领域

027　海洋渔业的未来发展方向是什么？

全球对海洋资源的依赖日益加深，海洋渔业作为重要的经济支柱之一，正面临着前所未有的挑战与机遇。从过度捕捞、生态破坏到气候变化带来的不确定性，海洋渔业的发展亟须转型和创新。那么，海洋渔业的未来发展方向究竟是怎样的呢？

可持续发展将成为海洋渔业的核心理念。随着全球渔业资源逐渐枯竭，传统的捕捞方式已不再适应未来的需求。为了保证资源的长期可用性，渔业管理必须向可持续模式转型。这包括采用更加科学的捕捞配额管理、避免过度捕捞以及实施生态友好的渔业技术。此外，合理的渔业资源恢复计划，如人工增殖和生态修复，也将成为确保渔业可持续的重要措施。只有在生态与经济并重的框架下，海洋渔业才能实现长久的繁荣。

科技创新将推动渔业发展模式的转型。随着科技的不断进步，智能化渔业将成为未来发展的趋势。比如，利用无人机、遥感技术和物联网设备进行海洋监测和鱼群追踪，能够实时获取海洋资源的变化情况，从而更好地制定捕捞计划和管理措施。此外，深海渔业和精准捕捞技术的应用将进一步提高渔业生产效率，减少对海洋生态环境的影响。这些技术不仅能提升渔业的生产力，还能降低资源浪费和生态破坏，实现渔业的“智能化”和“绿色化”发展。

加强海洋渔业的生态保护和环境治理是不可忽视的方向。随着海洋污染问题的日益严峻，渔业活动与海洋环境之间的关系日益紧密。在未来，渔业发展必须与环境保护同步推进。例如，减少塑料污染、控制渔业废弃物的排放、加强水质治理等，都是渔业可持续发展的必经之路。此外，海洋保护区的建设和跨国海洋生态保护合作将成为促进渔业生态平衡的重要措施。

多样化和高附加值产品的开发将为海洋渔业提供新的增长点。除了传统的鱼类捕捞，渔业产业链的延伸与产品的多元化开发将带来更大的市场潜力。例如，海洋药物、海洋食品、海洋生物工程等领域的开发，将使海洋渔业不仅局限于捕捞业，还能发展成为具有高附加值的综合产业。随着消费者对健康和高品质产品的需求增加，海洋渔业的产品创新和品牌建设将为行业带来新的机遇。

全球合作与治理将成为海洋渔业发展的关键。海洋是全球共享的资源，渔业管理必须超越国界，进行国际协作。加强全球渔业资源的共同管理、信息共享和跨国监管，将有助于解决非法、不报告、不管制捕捞等问题。通过联合国等国际组织的协调，推动各国在渔业资源管理、保护和开发上的合作，才能实现全球渔业的可持续发展。

由此可见，海洋渔业的未来发展方向不仅是资源管理和生态保护的平衡，更是科技创新、产业升级和全球合作的综合体现。随着这些新趋势的推进，海洋渔业将迎来更加绿色、高效、可持续的新时代。

028　中国海上风电产业发展如何?

近年来，随着全球对可再生能源需求的激增，海上风电作为清洁能源的重要组成部分，逐渐成为中国能源转型的关键领域之一。中国不仅在陆上风电领域取得了显著进展，在海上风电产业方面也迎来了爆发式的发展。

中国的海上风电产业在技术研发和装备制造方面已经取得了显著成就。随着风电技术的不断进步，风机的单机容量逐步增大，效率大幅提升。中国的海上风电设备制造商，如金风科技、明阳智慧能源等，已经在风电机组的研发和生产上取得了世界领先水平。尤其是大容量、远海和深水的风电技术，已经能够支撑中国在海上风电领域的快速扩张。

政策支持是推动中国海上风电产业快速发展的重要因素。中国政府出台了一系列的政策文件，推动海上风电行业的规范化和市场化发展。例如，国家能源局发布的《海上风电开发建设管理暂行办法》明确了未来几年内海上风电的装机目标，并对项目审批、补贴政策等进行了规范。此外，随着碳中和目标的提出，海上风电作为清洁能源的重要组成部分，得到了更多的关注与支持。这些政策的有力保障，为海上风电的健康发展奠定了基础。

在产业规模方面，中国的海上风电装机容量已经跻身全球前列。根据最新统计，中国的海上风电累计装机容量已突破10吉瓦，并预计将在未来几年内持续增长。尤其是在东南沿海和渤海湾等海域，海上风电项目的建设如火如荼。这些区域不仅风能资源丰富，而且距离电力需求中心较近，有助于提高能源的传输效率。

尽管中国海上风电产业发展势头强劲，但仍面临一些挑战。首先，海上风电项目的建设成本较高，特别是在远海深水区域，建设难度更大，投资回报周期长。其次，海上风电的并网问题仍然是一个亟待解决的难题。由于海上风电场离陆地较远，如何确保风电的高效输送和稳定供电，依然是技术和政策层面需要攻克的难题。此外，海上风电的环境影响和生态保护问题也日益受到关注，如何在保护海洋生态的同时实现风电的可持续发展，是一项需要协调的任务。

尽管如此，随着技术的不断成熟和政策的持续支持，未来中国的海上风电产业仍然具有广阔的前景。通过不断降低成本、优化技术、提高效率，更多海上风电项目的投入运营，预计未来几年中国将在全球海上风电领域占据更加重要的地位，为实现绿色低碳的能源转型贡献力量。

029　海洋交通和海洋运输的重要性是什么？

海洋交通和海洋运输是全球贸易和经济发展的重要支柱之一，扮演着不可替代的角色。无论是在历史上，还是在全球经济一体化的今天，海洋运输都一直是人类社会物资流通、文化交流和技术传播的主要方式。随着全球化的加深，海洋交通和海洋运输的作用愈发显得至关重要。

海洋运输是全球贸易的命脉。世界上约80%的国际贸易通过海运进行，海洋航道构成了全球物资流通的主要通道。无论是能源、矿产资源，还是日常生活用品，大多数商品都依赖海运从生产地输送到消费市场。特别是对于中国这样的贸易大国，海洋运输为其经济腾飞提供了坚实的基础。例如，中国的“海上丝绸之路”便是通过港口和航道连接亚洲、非洲、欧洲等多个国家和地区，推动了区域间的经济合作与文化交流。

海洋交通促进了全球资源的有效配置。世界各地的资源分布不均，能源和原材料的需求常常超过本土供应。在这种情况下，海洋运输为全球资源的流动提供了便捷的渠道。例如，石油、天然气、煤炭等能源资源的跨国运输，往往依赖大型油轮和货船的航行。通过高效的海洋运输网络，不同地区能够根据需求获取资源，有效地支持了各国经济的发展。

海洋交通促进了文化与技术的交流与融合。海洋不仅是物资交换的通道，也是文明和技术传播的重要媒介。从古代的丝绸之路，到近现代的全球航运网络，海上航道一直是不同民族、不同文化碰撞、交流与融合的舞台。通过海上航运，不同地区的人民得以共享知识、文化、宗教甚至技术，促进了全球文明的进步。

海洋交通的意义不仅仅局限于贸易和文化的交流，它还在现代社会的经济安全中占据着不可忽视的地位。如今，全球能源供应的稳定依赖于海洋运输，任何海上航道的封锁或安全问题都可能对国际经济产生重大影响。例如，霍尔木兹海峡和马六甲海峡等重要航道的畅通与否，直接关系到全球石油的运输和价格波动。

当然，随着国际海洋运输的不断发展，环境保护问题逐渐浮现。海洋污染、航运业的碳排放等问题需要全球各国共同面对和解决，以确保海洋交通和运输能够可持续地发展。

总之，海洋交通和海洋运输的重要性不可言喻，它不仅支持着全球贸易和资源配置，还促进了不同文明之间的交流与合作。随着全球经济的发展，海洋运输的作用将更加突出，成为推动国际合作与发展的重要力量。

030 中国海洋运输业如何提升竞争力？

随着全球经济的快速发展和国际贸易的不断扩大，海洋运输作为全球市场之间的重要纽带，已经成为各国经济竞争的关键领域。作为全球最大的贸易国之一，中国的海洋运输业肩负着举足轻重的角色。在激烈的国际航运竞争中，如何提升中国海洋运输业的竞争力，成为业界和政策制定者的焦点。

提升技术水平无疑是增强竞争力的核心所在。航运业的现代化发展离不开技术创新，它不仅能够提高运输效率，还能有效降低运营成本。中国的航运公司应当加快自动化、智能化技术的应用步伐，尤其是无人驾驶船舶、大数据管理和人工智能的运用。这些技术能够显著提高航运的安全性与精准性，减少燃料消耗与污染排放，顺应全球绿色发展的趋势。

港口基础设施的现代化也至关重要。港口是海洋运输业的“前哨阵地”，其设施的水平直接决定了运输的流畅度与效率。尽管中国已有多个世界级大港，如上海港和深圳港，但仍有不少提升空间。通过推动港口智能化管理、优化物流环节、减少拥堵、提升装卸效率，可以大大增强港口的竞争力。同时，完善港口与内陆交通的联动系统，确保货物能够快速、高效地流通，也将进一步提升整体运输的竞争力。

优化船队管理与航线布局同样至关重要。中国航运公司应当根据市场需求灵活调整航线，特别是针对“一带一路”共建国家的航运路线，开设新的重要航线。通过增加航线的覆盖面与时效性，提升运输服务质量和竞争力。此外，船队的规模和结构也需进行优化，减少过剩运力，确保船队具备更强的市场适应性和灵活性。

加强国际化合作显得尤为重要。中国的海运企业应积极加强与其他国际航运公司、港口运营商及物流企业的合作，深入参与全球供应链管理和跨国运输网络的建设。通过与国际企业的战略合作，拓展全球市场份额，提升在全球航运行业的话语权和影响力。

绿色发展已经成为中国海洋运输业未来发展的重要方向。通过推动航运业绿色转型，采用清洁能源船舶，提升能源利用效率等措施，中国不仅能够提升行业的环保水平，还能增强其可持续发展能力。

政策支持与人才培养也同样至关重要。政府可以通过减税、优惠政策等手段，激励企业加大在创新技术和绿色航运方面的投入。同时，培养具备国际视野的高素质航运人才，加强人才引进与行业交流，为海洋运输业提供源源不断的智力支持。

总而言之，要提升中国海洋运输业的竞争力，必须从技术创新、基础设施建设、船队管理、国际合作、绿色发展等多个方面着手。只有通过持续的改革与创新，中国的海洋运输业才能在全球航运市场中占据更加重要的位置，推动中国经济不断腾飞。

031 如何推动海洋旅游产业发展？

海洋旅游作为全球旅游产业的重要组成部分，近年来吸引了越来越多的游客和投资者的关注。中国作为一个拥有广阔海域的国家，海洋旅游具有巨大的发展潜力。然而，要真正推动这一产业的发展，不仅需要依托丰富的海洋资源，还需要在市场需求、基础设施建设、环境保护等多个方面采取有效的措施。

完善基础设施建设是海洋旅游发展的首要任务。现代化的港口、便利的交通网络、舒适的酒店和度假设施是吸引游客的关键因素。中国一些沿海地区，如海南、厦门和青岛，已经具备了一定的海洋旅游基础，但仍有很多地区的旅游设施不够完善。为了提升游客的整体体验，必须加大对海滨城市基础设施的投资，尤其是在交通便捷性、公共服务设施以及生态旅游项目的开发上进行优化。此外，海滩保护和公共卫生设施的改善同样是吸引游客的重要因素。

丰富的旅游产品和周到的服务至关重要。海洋旅游不仅仅局限于海滩度假，还可以包括潜水、帆船、海上运动、海洋科考、海岛探险等多种形式。通过创新和多样化的旅游产品，可以吸引不同需求的游客群体。例如，面向家庭游客的海上亲子活动，或者提供高端定制的私人游艇体验，都能为海洋旅游产业带来新的增长点。此外，加强文化和历史的结合，如海岛上的历史遗址、渔村文化体验等，也能为游客提供更深层次的旅游体验。

加强营销与品牌建设也是推动海洋旅游发展的重要手段。随着全球旅游市场竞争的日益激烈，单纯的自然资源已无法成为吸引游客的唯一因素。通过有效的营销策略和品牌塑造，可以让海洋旅游目的地脱颖而出。中国的海洋旅游市场相较于其他国际知名旅游目的地而言，仍有较大的发展空间。通过精准的市场定位，利用社交媒体和数字化营销手段，可以大幅提升海洋旅游的知名度和吸引力。例如，可以通过短视频平台、旅游博主的推介等方式，增加海洋旅游目的地的曝光率，并通过线上与线下的结合，吸引更多国内外游客。

注重可持续发展与生态保护，是海洋旅游发展的长期保障。海洋环境的保护与旅游业的发展必须相辅相成，过度开发和环境破坏会直接影响到旅游资源的可持续利用。政府和企业应通过加强海洋环境保护法规的制定与执行，鼓励生态友好的旅游项目，推动绿色旅游产业的发展。比如，可以通过设立海洋保护区，组织海洋生态教育活动，提高游客的环保意识，促进生态旅游的可持续发展。

加强跨区域合作与国际化发展，能够为海洋旅游产业带来更多机遇。中国的海洋旅游发展不仅要注重国内市场，还要放眼国际。通过加强与周边国家的旅游合作，推动区域旅游一体化，不仅能够拓宽游客来源，还能提升中国在全球海洋旅游市场中的竞争力。

总之，推动海洋旅游产业发展，需要从基础设施建设、产品创新、市场营销、生态保护等多个维度共同发力。只有通过综合性的政策支持和多方合作，才能让海洋旅游产业真正发挥出巨大的经济潜力，成为中国经济和旅游产业的重要亮点。

032　海洋文化产业有何发展潜力？

海洋文化作为人类文明的重要组成部分，承载着丰富的历史、传统与生态智慧。随着全球对海洋资源的关注日益增加，海洋文化产业逐渐成为文化产业中的一个新兴领域。特别是对于拥有广阔海域和深厚海洋文化底蕴的国家来说，海洋文化产业具有巨大的发展潜力。

海洋文化的独特性与吸引力使其成为文化产业的重要组成部分。海洋不仅仅是自然资源的宝库，它还是不同民族文化的摇篮。从古代的“海上丝绸之路”到现代的跨国贸易，海洋一直是文化交流的桥梁。中国沿海地区的渔民文化、海洋神话、传统船只的制作工艺等，都是独具特色的文化资产。这些文化符号不仅能够吸引国内游客，还具有广泛的国际影响力。通过艺术创作、文学作品、电影及纪录片等形式，海洋文化可以生动展现其丰富的历史背景与多样的文化特色，激发大众对海洋文明的兴趣与认同。

海洋旅游与海洋文化的结合为海洋文化产业带来了广阔的发展空间。海洋文化产业的发展不仅仅局限于传统的文化保护与展示，还能与旅游产业深度融合。例如，开发海岛文化遗址、海上文化节庆活动、海洋历史博物馆等，能够吸引游客深入了解海洋文化的精髓。这种跨界融合的模式，能够为海洋文化产业创造更多元化的经济收益，并增强游客的参与感和体验感。

海洋文化产品的多样化和创新性也是推动产业发展的关键。随着消费者需求的不断变化，海洋文化产业应积极开发与现代生活相契合的文化产品。例如，以海洋为主题的创意商品，如海洋风格的艺术品、手工艺品、服装和饰品等，能够满足市场对个性化和创新产品的需求。同时，通过结合现代科技，利用虚拟现实（VR）和增强现实（AR）技术，打造沉浸式的海洋文化体验空间，能够吸引更多年轻群体的关注，提升产业的吸引力和竞争力。

政府的支持与政策引导也是海洋文化产业发展的重要保障。海洋文化产业涉及的领域广泛，包括海洋文学、艺术、博物馆、节庆活动等多个方面。政府可以通过出台相应的政策，提供财政支持、税收优惠等措施，鼓励企业和个人投资海洋文化创意产业。此外，政府还可以推动跨部门、跨地区的合作，促进海洋文化资源的整合与共享，实现产业的规模化发展。

海洋文化的可持续性决定了其产业发展的长远前景。随着全球环保意识的增强，海洋文化产业的可持续发展逐渐成为关注重点。通过注重环境保护，避免过度开发海洋资源，能够确保海洋文化的可持续传承。例如，推动绿色旅游、海洋生态保护与文化传承相结合的模式，不仅有助于保护海洋生态环境，也能增强文化产业的长久生命力。

由此可见，海洋文化产业作为一个潜力巨大的新兴领域，具备独特的历史价值和文化魅力。通过创新与融合，不仅能够推动文化产业的多元化发展，还能为经济增长提供新的动力。随着政策支持的加强和市场需求的多样化，海洋文化产业的未来将更加光明。

033 中国如何促进海洋文化的传承与创新?

海洋文化作为中国文化的重要组成部分，深深植根于沿海地区的历史、民俗和自然环境中。随着现代化进程的加快，如何保护和传承这一宝贵的文化遗产，同时又能赋予其新的生命力，是当前面临的重要课题。中国要促进海洋文化的传承与创新，需要从多个方面共同发力。

加强海洋文化的教育与普及是传承的基础。海洋文化的传承不仅仅依赖于学术研究，也需要在社会层面形成共识。学校教育、社区活动以及媒体宣传等多元化渠道，都可以成为推广海洋文化的重要途径。通过在中小学课程中加入海洋文化的相关内容，学生不仅能够了解中国海洋的历史和文化，还能培养他们对海洋的敬畏和热爱。此外，社会公众通过电视节目、纪录片和社交媒体等平台，也能更加方便地接触到海洋文化的知识，进而提高全社会对海洋文化的认知度。

保护和传承传统海洋文化元素是海洋文化延续的核心。中国沿海地区有着丰富的渔民文化、航海技艺、海洋节庆等传统文化，这些文化元素不仅具有历史价值，也承载着民族的记忆与情感。因此，保护这些文化遗产是基础。政府可以出台政策，鼓励对传统渔村、海岛和历史遗址的保护，避免过度开发。同时，通过建立海洋文化遗产保护区和博物馆，系统性地收集、整理和展示传统海洋文化，让更多人了解和体验这些宝贵的文化遗产。

海洋文化的创新同样重要。单纯的文化传承往往会面临“僵化”的问题，因此，创新是活化海洋文化的关键。中国可以通过现代艺术、数字化手段和跨界合作等方式，赋予传统海洋文化新的表现形式。例如，利用现代科技手段如虚拟现实（VR）和增强现实（AR）技术，让人们在沉浸式体验中感知海洋文化的魅力。同时，结合时尚、设计、电影、动漫等产业，推出更多具有现代感的海洋文化产品，将传统元素与现代流行相结合，既满足了年轻一代的审美需求，也让海洋文化在当代焕发新生。

加强国际交流与合作也是推动海洋文化传承与创新的重要途径。中国可以通过与世界各国的文化交流合作，展示自身丰富的海洋文化底蕴。例如，参与国际海洋文化节庆活动、举办跨国海洋文化艺术展览等方式，促进海洋文化的全球传播。通过这一平台，不仅可以提升中国海洋文化的国际影响力，还能从其他国家的经验中汲取创新的灵感，推动海洋文化在全球范围内的多元发展。

政府和社会的共同参与是海洋文化持续创新的动力源泉。政府应在政策上给予支持，提供资金、税收优惠等激励措施，推动企业和社会力量参与海洋文化的传承与创新。同时，民间团体、学术界和文化机构等也应发挥重要作用，通过研究、策划和活动组织等形式，推动海洋文化的深度挖掘与活跃发展。

由此可见，中国在促进海洋文化的传承与创新方面，应通过教育普及、传统文化保护、创新表现手法、国际合作和社会参与等多方努力，共同推动海洋文化的繁荣与发展。这不仅能够增强全社会的文化认同感，也能够为全球海洋文化的交流与发展作出积极贡献。

034 海洋矿产资源的开采与环境保护如何平衡?

海洋矿产资源的开采在全球经济和科技发展中扮演着重要角色，尤其是在满足能源需求和推进工业化进程的背景下。然而，海洋矿产资源的开采也对海洋环境带来了巨大的压力，如何平衡开采与环境保护，成为全球面临的一项严峻挑战。

海洋矿产资源主要包括海底石油、天然气、金属矿产和稀有矿产等。随着技术的进步，深海矿产的开采变得更加可行，尤其是一些稀有矿产的需求增加了对海洋资源的开发。但开采过程中的环境影响也不容忽视。深海开采活动可能会破坏海洋生态系统，影响海洋生物的栖息地，甚至引发海洋酸化、污染等问题。海底开采时产生的沉积物和化学物质，可能在没有及时处理的情况下，污染周围的水域，影响海洋生物的生存环境。

为了实现海洋资源的可持续利用，首先要加强对开采技术的改进与监管。现代科技的发展使得我们能够更加精确地进行资源开采，同时降低对环境的负面影响。例如，深海矿产的开采可以通过更先进的技术来减少污染物的排放，并且在开采过程中采取更为环保的处理措施，如对排放的废水进行过滤，减少沉积物的扩散。此外，开采过程中的环境监测和实时数据反馈也是确保环境保护的有效手段。

其次，国际合作与法规制定也至关重要。海洋是全球共享的资源，单一国家的资源开发行为可能会对全球环境产生影响。因此，国际社会应加强合作，共同制定全球性的海洋矿产资源开采法规，确保各国在开采过程中都遵循严格的环保标准。例如，《联合国海洋法公约》已提出海洋资源开发的相关规范，各国应根据这一公约的要求，确保开采活动不会对海洋生态系统造成破坏。此外，一些国际环保组织也在推动制定海洋矿产开采的可持续发展目标，鼓励全球采取共同的行动。

再次，生态恢复也是一个不可忽视的环节。由于深海生态系统的复杂性和脆弱性，开采活动造成的生态破坏可能需要较长时间才能恢复。为了减少开采对生态的长远影响，相关部门应制定严格的恢复计划，包括对受影响区域进行生态修复，重新种植海草、珊瑚等重要生物，以恢复生物多样性。此外，海洋保护区的设立也是一个有效的手段，部分海域应当被划定为保护区，禁止开采活动，以保护海洋生态环境。

最后，公众的环保意识提升也是保障海洋矿产资源可持续开采的关键因素。通过加强环保教育和倡导公众参与，可以增强社会对海洋资源保护的重视，从而推动政府和企业采取更多环保措施。公众的支持不仅可以促进相关法律法规的完善，也能在社会层面形成更广泛的环保行动。

总之，海洋矿产资源的开采与环境保护的平衡，需要依赖技术创新、国际合作、生态修复以及社会的共同努力。通过科学、合理的开发方式，我们可以最大限度地利用海洋资源，同时保护脆弱的海洋生态系统，实现可持续发展。

035　深海科技开发的前景如何？

深海，作为地球上最神秘、最未被探索的领域之一，蕴藏着丰富的资源和巨大的潜力。随着科技的进步和对海洋资源需求的增加，深海科技的开发已经成为全球科学研究和技术创新的重点领域。从深海矿产到生物医药，再到能源开发，深海科技的前景广阔，充满机遇和挑战。

深海资源的开发潜力巨大。深海中不仅存在丰富的矿产资源，如多金属结核、深海石油和天然气等，而且其生物资源也极为丰富。深海生物具有极高的科研价值，一些深海生物所含的化学物质对药物研发有重要意义。近年来，深海生物医药的研究取得了显著进展，例如，利用深海微生物提取的抗生素和抗肿瘤药物，已经进入临床应用阶段。此外，深海作为全球能源资源的重要组成部分，其潜力尚未得到完全开发，深海油气的开采和海洋能源的利用都在逐步成为现实。

然而，深海科技的开发面临着技术与环境的双重挑战。深海环境极端，压力、温度、盐度等条件使得传统的技术和设备难以适应。这要求我们在深海探测、资源开发和环境保护等方面，持续进行技术创新。例如，深海机器人、无人潜水器和深海探测仪器等技术，已成为深海科研的关键工具，但如何提高这些设备的耐久性、稳定性和智能化水平，依然是科技人员亟待解决的问题。同时，深海开发带来的环境问题也不容忽视，过度开采可能对深海生态造成不可逆的破坏，因此，开发与保护的平衡成为技术研发的一个重要课题。

为了应对这些挑战，国际合作与科研投入显得尤为重要。深海科技的开发不仅是单一国家的责任，也是全球科学界共同的任务。各国科研机构和企业可以通过合作，共享数据与技术，推动深海科技的突破。通过合作，各国可以利用各自的技术优势，加速深海科技的进步。

深海科技的商业化前景也非常可观。随着技术的不断突破，深海资源的开发将不再是科幻，而是逐步走向现实。这不仅将为全球经济带来新的增长点，还将推动相关产业的发展。深海油气、矿产、海洋能源等资源的开采，将为全球能源结构调整提供新的选择。而深海生物医药产业的发展，预计将在未来为医药领域带来革命性的进展。

总的来说，深海科技的开发前景广阔，充满希望。尽管目前仍面临许多技术和环境的挑战，但随着科技的进步、国际合作的加强以及对可持续发展的关注，深海科技必将迎来更加辉煌的未来。这不仅为人类带来更多的资源和创新，也为解决全球性问题提供新的思路与解决方案。

036　海洋高新技术产业有哪些创新点？

随着科技的迅猛发展，海洋高新技术产业逐渐成为全球经济增长的新动力。海洋资源的广泛应用，特别是在能源、环保、交通和生物医药等领域，推动了这一产业的创新。海洋高新技术不仅在技术上取得突破，还在应用模式、产业融合和可持续发展等方面展现出强大的潜力。

深海资源开发技术的创新是海洋高新技术产业的一大亮点。深海矿产、油气以及生物资源的开发一直是海洋经济的重要组成部分。近年来，随着深海探测技术的进步，深海油气的开采变得更加可行。无人潜水器（ROVs）和自主水下机器人（AUVs）等设备的创新，极大提升了深海探测和资源采集的效率与安全性。此外，深海生物医药的研究也取得了突破，一些深海微生物提取的天然产物，已被证实对抗生素耐药性、癌症等疾病具有疗效，开辟了新的医疗应用领域。

海洋能源技术的创新也为产业带来了新的发展机遇。风能、潮汐能、波浪能等海洋能源的开发正在成为绿色可再生能源的重点领域。海洋风电已经成为全球最具前景的新能源之一。中国、欧洲和北美等地区的海上风电项目逐渐成熟，特别是浮动式海上风电技术的突破，使得深海区域也能充分利用海风发电，进一步提高了能源的利用效率与可行性。此外，潮汐能和波浪能的开发也逐步进入产业化阶段，推动了海洋能源的多样化发展。

海洋环境保护技术的创新同样是这一产业中的关键方向。随着海洋污染问题的加剧，海洋生态修复技术逐渐成为研究的热点。例如，海洋垃圾清理技术的创新，如海洋垃圾回收系统和智能化垃圾处理设备，能有效降低海洋环境污染，保护海洋生物的栖息地。同时，海洋环境监测技术的进步，使得对海洋生态变化的实时监控成为可能，能够提前发现并解决海洋生态系统中的问题，确保可持续发展。

在海洋运输与交通技术方面，随着智能化技术的发展，海洋航运行业也迎来了技术创新的浪潮。无人船技术和智能航运系统的出现，极大提升了航运效率和安全性。通过大数据和人工智能的结合，航运公司能够实时监控船只状况，优化航线规划，降低能源消耗和运营成本。此外，绿色航运技术的应用，帮助减少船舶排放，进一步推动了海洋运输业的可持续发展。

最后，海洋高新技术产业的跨领域融合创新也在不断推进。例如，海洋大数据的应用与人工智能技术的结合，促进了海洋资源的精准开发和管理。通过大数据分析，能够对海洋气候变化、资源分布、海洋生态等进行全面监测和预测，为海洋产业的可持续发展提供有力支持。

总的来说，海洋高新技术产业正在通过不断创新，推动全球经济向着绿色、智能、可持续的方向发展。从深海开发到海洋能源、环境保护再到智能运输，各项技术的突破为人类更好地利用海洋资源提供了前所未有的可能性。未来，随着技术的不断进步，海洋高新技术产业无疑将成为全球经济和可持续发展中的重要引擎。

037 海洋智能技术如何赋能传统海洋产业?

随着科技的飞速发展，智能技术在各行各业中得到广泛应用，海洋产业也不例外。传统的海洋产业，如渔业、航运、能源开采等，面临着效率低下、资源浪费和环境压力等问题，而海洋智能技术的引入，为这些行业注入了新的活力，推动了它们的转型升级。

智能渔业的崛起是海洋智能技术赋能的典型案例。传统渔业依赖人工经验判断捕鱼区域和季节，但这往往带来过度捕捞和资源浪费的问题。如今，通过物联网技术和大数据分析，智能渔业实现了精准捕捞。传感器和无人船可以实时监控海洋环境、鱼群活动和水质变化，通过数据分析预测最适合捕鱼的区域和时间，从而提高捕捞效率，减少对生态环境的破坏。此外，人工智能的引入帮助渔民进行鱼种分类、捕捞量分析等，进一步优化渔业资源的利用。

智能航运技术为传统海洋运输业带来了深刻的变革。航运行业是全球贸易的命脉，但传统航运也面临着航行安全、船员疲劳、燃料消耗等挑战。智能航运通过自动化和远程操控技术，逐步实现无人驾驶船只的研发和应用。利用卫星导航、大数据和人工智能，船只能够自主选择最优航线，减少航行中的油耗和碳排放，提升运输效率和安全性。同时，智能监测系统能够实时监控船只状态，提前预警机械故障或恶劣天气，减少事故发生率。

在海洋能源开采领域，智能技术也发挥着重要作用。传统的油气开采存在效率低、成本高、安全性差等问题，而智能技术的应用极大地提升了资源开采的效益。通过无人潜水器和机器人技术，可以在深海环境中进行资源探测和采集，避免了人员的高风险作业。与此同时，大数据和人工智能帮助分析地质条件和资源分布，优化开采计划和运营管理，从而提高能源利用效率，并减少环境污染。

智能化海洋环境监测技术的应用，也是传统海洋产业升级的关键因素之一。通过智能传感器、无人机、卫星监测等设备，海洋环境可以得到实时监测，海水温度、盐度、潮汐等数据被及时收集并分析。这些数据不仅帮助海洋渔业、航运等产业避免潜在的生态风险，还能有效防止环境污染，助力海洋资源的可持续管理。

总的来说，海洋智能技术的应用让传统海洋产业从单一的人工操作走向智能化、精准化和可持续发展。通过智能技术，海洋产业能够更高效、更环保地开发和利用海洋资源，推动产业升级和绿色发展。未来，随着技术的不断进步，智能海洋产业将成为全球海洋经济的重要组成部分，助力实现海洋资源的可持续利用和生态环境的保护。

038 如何发展海上牧场？

海上牧场作为一种创新的海洋资源利用方式，正在受到越来越多的关注。它不仅能够有效缓解传统渔业资源枯竭的问题，还为海洋生态保护提供了新的解决方案。然而，要想成功发展海上牧场，需要在多个方面进行综合规划和技术创新。

科学规划是发展的基础。海上牧场不同于传统的渔业活动，它要求在合适的海域内建立起一个稳定的生态系统。因此，选址非常关键。需要根据水域的生态环境、鱼类的栖息需求以及水质、盐度、温度等因素来进行精确定位。此外，合理规划牧场规模，避免过度开发，保持生态平衡，是确保可持续发展的前提。

科技支持是发展海上牧场的核心。在海上牧场的建设和管理中，科技的应用至关重要。通过安装智能传感器、无人机、遥感技术等手段，可以实时监控水质变化、海洋生物的分布情况以及牧场的整体健康状态。大数据和人工智能也可以帮助预测海洋生物的生长周期和生态系统的变化，从而实现精准的资源管理和调控。智能化的管理系统可以帮助减少人工干预，降低管理成本，提高牧场的运营效率。

多样化的产业模式是海上牧场成功的关键。除了传统的养殖业，海上牧场还可以结合海洋生态旅游、海洋文化等新兴产业，发展多元化经营模式。例如，在一些具备良好景观资源的牧场区域，可以结合海洋旅游项目，吸引游客参观海上渔业活动，体验渔民生活，或参与生态保护等互动活动。这不仅能为海上牧场带来经济收益，还能提升公众的环保意识，促进海洋文化的传承。

生态保护与资源利用的平衡是发展海上牧场过程中不可忽视的一个问题。虽然海上牧场提供了丰富的海洋资源，但如果过度开发，也可能导致生态环境的破坏。因此，在发展过程中，必须严格遵守可持续发展的原则，通过科学的方法控制资源的利用速度，保护海洋生态系统的健康。同时，采用绿色养殖技术和生态友好型设施，避免使用对环境有害的化学物质，进一步确保海洋生态环境的可持续性。

政策支持和社会合作也是海上牧场发展不可或缺的因素。政府应出台相应的政策，支持海上牧场的建设和发展，提供资金、技术等方面的支持。同时，社会各界，包括科研机构、环保组织等，应加强合作，推动海洋牧场的创新与发展，共同推进海洋经济的可持续发展。

总的来说，发展海上牧场需要在科学规划、科技创新、产业多元、生态保护等方面下功夫，确保其在经济、环境和社会效益方面的平衡发展。通过合理的管理和创新，海上牧场不仅可以成为海洋资源的有效利用平台，也能够推动海洋生态的保护与恢复，为实现海洋经济的可持续发展贡献力量。

039 如何推动深远海养殖高质量发展？

深远海养殖，作为海洋经济中的重要组成部分，正逐渐成为全球渔业产业发展的新趋势。随着传统近海渔业资源的逐步枯竭，深远海养殖的潜力愈发被重视。如何推动这一领域的高质量发展，不仅关乎经济效益，还涉及可持续发展、生态保护等多个方面。

科技创新是推动深远海养殖高质量发展的关键。目前，深远海养殖面临许多挑战，如环境监控困难、养殖设施的适应性差以及养殖密度过高等问题。因此，利用先进的海洋技术，如智能化水下监控、自动化投喂设备、环境控制技术等，可以大大提高养殖效率和水质控制能力。此外，深远海养殖场的设计和设备也需要更加创新和高效，避免对海洋生态造成过大负担。

加强生态保护和资源可持续利用是发展的根本。深远海养殖的高质量发展必须与生态保护相协调。为此，建立完善的生态监测体系，定期监测水质和海洋环境变化，确保养殖区域的生态平衡。此外，合理规划养殖规模，避免过度开采，也是维护海洋生态系统健康的必要措施。通过科学养殖和可持续管理，既能满足市场需求，又能有效保护海洋资源。

政策支持和行业规范是促进产业健康发展的保障。政府应出台相关政策，推动深远海养殖行业的规范化发展。这些政策可以包括财政补贴、税收优惠、技术研发支持等方面，鼓励企业在技术创新、环保措施和管理体系等方面投入更多资源。同时，行业协会和监管机构也应加强行业标准的制定和实施，确保养殖过程中的食品安全、环境保护以及行业公平竞争。

加强国际合作和市场拓展，提升产业竞争力。深远海养殖不仅是国内经济的一部分，也是全球海洋经济的重要组成。通过与其他国家和地区的合作，交流养殖经验，借鉴先进技术，能大大提升本国深远海养殖的技术水平和市场竞争力。与此同时，扩大国际市场的销售渠道，推动海洋食品的国际贸易，也是产业发展不可忽视的一环。

总的来说，推动深远海养殖高质量发展的路径应该是多维的。通过科技创新、生态保护、政策支持和国际合作，可以实现产业的可持续和高效发展。随着行业技术的不断进步和管理水平的提高，深远海养殖将在未来成为海洋经济的重要支柱，为全球渔业和海洋食品产业做出更大的贡献。

第四章

海洋经济的政策与管理

040　中国的海洋经济政策框架是什么？

中国的海洋经济政策框架在国家发展战略中占有重要位置，旨在促进海洋资源的可持续利用，推动海洋经济的高质量发展。随着海洋资源开发利用的逐步深入，国家对海洋经济的关注不仅体现在资源开发上，更涵盖了环境保护、科技创新和国际合作等多个维度。

政策指导思想是中国海洋经济发展的根本。近年来，中国提出了“蓝色经济”概念，强调要实现海洋资源的可持续利用。根据这一理念，海洋经济的发展不应仅依赖资源的消耗，而要注重生态保护与环境修复，以实现经济、社会和生态的协调发展。在这一指导思想下，国家的海洋经济政策主张合理利用海洋资源，加强海洋环境保护，并推动海洋科技创新，为海洋经济的可持续发展提供坚实支撑。

政策框架的核心内容包括海洋资源的合理利用、海洋环境的保护、海洋产业的结构调整和海洋科技的创新发展。中国的海洋经济政策着力加强对海洋资源的合理开发与有效保护，明确提出“海洋强国”战略，推动海洋资源的综合开发利用。这不仅包括传统的渔业、航运和海洋能源产业，还包括海洋生物医药、海洋环保、深海探测等新兴产业。

区域发展规划是中国海洋经济政策的重要组成部分。中国沿海地区的海洋经济发展不平衡，东部沿海地区如广东、浙江、福建等地海洋经济发展较为成熟，而一些中西部沿海地区的海洋经济则相对滞后。因此，国家在推进海洋经济时，强调实施差异化的区域发展政策，依托沿海地区的自然资源优势，推动地方特色产业的发展，促进区域协调发展。

海洋产业政策方面，政府推出了多项政策鼓励海洋产业的创新与转型升级。例如，国家通过支持海洋风能、海洋生物产业以及海洋科技创新等新兴产业，助力海洋经济的绿色转型。同时，海洋科技也成为国家政策的重点，特别是在深海勘探、海洋环保技术和海洋工程技术等领域，加大了科研投入，推动技术革新。

法律与法规保障也是海洋经济政策的重要基础。中国通过《中华人民共和国海洋环境保护法》《中华人民共和国渔业法》等法律法规，确保海洋资源的合理开发与生态环境的可持续性。此外，国家对海洋环境污染的控制、海洋保护区的建设以及海洋权益的维护等方面也制定了详细的法律框架，保障了海洋资源的有序利用。

总之，中国的海洋经济政策框架是一个系统的、多维度的政策体系，涵盖了资源开发、环境保护、产业创新、科技支持等各个方面。通过这些政策的实施，海洋经济将在可持续发展中发挥越来越重要的作用，为国家经济发展提供新动力。

041　海洋经济与环境保护如何协调？

在全球经济不断发展的背景下，海洋经济逐渐成为各国关注的焦点。与此同时，如何平衡海洋资源的开发与环境保护，成为一个日益紧迫的课题。海洋经济与环境保护的协调，不仅是生态文明建设的需求，也是实现可持续发展的关键。

海洋经济的核心在于合理利用海洋资源，推动渔业、航运、能源、旅游等多元化产业的蓬勃发展。然而，这些产业的扩张往往伴随着海洋生态环境的破坏。例如，过度捕捞、污染物排放、海洋生物栖息地的破坏等问题，给海洋生态系统带来了极大的压力。因此，海洋经济与环境保护的协调，需要在资源开发过程中，始终保持对生态环境的敬畏和保护意识。

如何协调这两者的关系？首先，政策法规是重要的保障。中国已制定了《中华人民共和国海洋环境保护法》《中华人民共和国海洋渔业法》等多部法律，明确规定了海洋资源开发的行为规范。这些法律不仅对海洋资源的开发设定了严格的管理框架，还在环境保护方面提出了明确要求。政府通过加强政策引导，确保海洋资源的开发与环境保护相辅相成。

其次，绿色经济是实现海洋经济与环境保护协调的有效途径。绿色经济强调在经济发展的同时，注重减少环境污染、节约资源和保护生态。例如，推动海洋可再生能源的开发（如海洋风能、潮汐能等），不仅可以替代传统化石能源，减少碳排放，还能促进海洋资源的可持续利用。同时，海洋渔业的转型升级，提倡“可持续渔业”理念，严格限制捕捞量和捕捞方式，保护海洋生物多样性。

此外，科技创新也是协调海洋经济与环境保护的关键因素。随着海洋科技的发展，许多创新技术在海洋环境保护方面取得了突破。例如，通过智能化监测系统，实时监控海洋污染和生态变化；通过深海探测技术，寻找更加环保的资源开发方式。技术的进步可以为海洋资源的高效利用与生态环境的保护提供双赢的解决方案。

最后，公众参与和社会责任也在协调海洋经济与环境保护中起到至关重要的作用。增强公众对海洋生态保护的意识，推动企业履行环境责任，是促进海洋资源可持续利用的基础。通过教育宣传、社区合作等方式，动员全社会共同关注海洋环境问题，形成全员参与的保护机制。

由此可见，海洋经济与环境保护的协调并非一件简单的事，但只要我们在政策法规、绿色经济、科技创新和社会责任等方面采取积极的措施，就能够实现二者的良性互动，确保海洋资源在可持续发展的道路上得到合理利用与保护。

042　如何推进海洋经济的绿色发展？

海洋经济是全球经济增长的重要组成部分，而随着环境问题的日益严峻，如何实现海洋经济的绿色发展成为亟待解决的课题。绿色发展不仅关注经济增长，更强调资源的可持续利用与生态环境的保护。那么，如何推进海洋经济的绿色发展呢？这不仅需要政策的引导，也需要技术创新和社会各方的共同努力。

政策法规的制定是绿色发展的基础。各国政府应当制定并落实严格的环境保护政策，尤其是在海洋资源的开发方面。比如，《中华人民共和国海洋环境保护法》明确规定海洋资源开发要与生态保护并行，避免因过度开发导致海洋环境的恶化。同时，要加强海洋保护区的建设和管理，设立禁渔区、禁采区等，从源头上减少对生态环境的压力。这些政策为绿色海洋经济的发展提供了法律保障。

推动绿色产业发展是实现海洋经济绿色转型的核心。传统的海洋产业，如渔业、航运、石油天然气等，往往带来较大的环境负担。而绿色产业则通过创新和技术进步，实现低碳、节能和资源循环利用。例如，海洋风电、潮汐能等可再生能源的开发，既能替代传统能源，又减少了碳排放，对海洋生态影响较小。发展绿色渔业，减少过度捕捞，实行可持续渔业管理，也是海洋经济绿色化的重要路径。

科技创新则是绿色发展的关键驱动力。随着科技的不断进步，许多创新技术已经在海洋资源的开发与保护中发挥了重要作用。例如，海洋监测技术的应用使得我们能够实时监控海洋生态环境的变化，从而采取及时有效的应对措施。此外，深海探测、海洋生物技术等新兴领域的研究，也为实现绿色发展提供了技术支持。这些技术不仅提高了资源利用效率，还有效减少了对环境的负面影响。

社会参与和企业责任同样不可忽视。绿色发展不仅是政府的责任，更是每个企业和公民的责任。企业应当在自身生产经营中，注重环保和社会责任，减少污染物排放，推动循环经济。而公众也应当增强环保意识，积极参与海洋保护活动，支持绿色消费和可持续发展的产品。

总之，推进海洋经济的绿色发展需要多方共同努力，从政策法规的完善到绿色产业的支持，再到科技创新和社会参与的推动，每个环节都至关重要。只有在这些方面形成合力，才能实现海洋经济的可持续发展，保护海洋生态系统，为未来的海洋资源利用奠定坚实的基础。

043 如何加强海洋资源的可持续管理?

海洋资源作为重要的自然财富，支撑着全球经济的发展，尤其在渔业、能源、旅游等领域具有不可替代的作用。然而，随着人类活动的不断增加，海洋资源的过度开发和污染问题日益严重，亟须采取措施加强其可持续管理，以保障海洋生态环境和资源的长期健康。

海洋资源的可持续管理首先要求我们加强科学研究和数据积累。有效的资源管理离不开准确的数据支持，通过建立完善的海洋监测系统，实时跟踪海洋环境变化，掌握各类海洋资源的现状和趋势。这些数据不仅能帮助我们评估资源的利用程度，也能够揭示海洋生态系统的健康状况，便于制定更为科学的管理策略。

制定合理的资源利用政策和法规是海洋资源可持续管理的关键。各国应根据海洋资源的承载能力和生态环境的承受力，设定资源开发的上限和底线，避免过度开采。比如，在渔业资源管理方面，可以通过划定禁渔区、设立捕捞配额等手段，减少捕捞强度，保障渔业资源的自然恢复。

此外，对于海洋能源和矿产资源的开采，也应建立环境影响评估机制，严格监管开采行为，避免因资源开发而破坏海洋生态。

海洋保护区的建设同样至关重要。通过设立海洋保护区，限制某些高风险的开发活动，可以为海洋生态提供一个相对稳定的栖息环境，有效保护海洋物种的多样性。同时，保护区的设立不仅有助于生态恢复，也能为科研提供重要的实验场所，提升我们对海洋生态系统的理解和认知。

加强公众意识的提升也不容忽视。海洋资源的可持续管理不仅仅是政府的责任，社会各界的参与同样重要。通过开展海洋环境保护的宣传教育活动，增强公众的环保意识，鼓励更多的人参与海洋保护行动。例如，鼓励企业实行绿色生产，减少废弃物排放，推动环保技术的应用，或是通过志愿者活动清理海滩垃圾，这些都能在社会层面促进海洋资源的可持续管理。

加强国际合作也是确保海洋资源可持续管理的一个重要方面。海洋是全球共享的资源，任何国家的过度开发都会影响到其他国家的利益。因此，国际社会应加强合作，共同制定和遵守海洋资源管理的国际法规，建立跨国海洋保护区，推动全球海洋治理体系的完善，确保海洋资源在全球范围内得到有效、持续的管理。

由此可见，加强海洋资源的可持续管理需要科学的数据支持、合理的政策法规、有效的保护措施以及全社会的共同参与，只有通过多方合作与持续努力，才能确保海洋资源在未来得以长久利用，造福人类。

044 如何利用海洋经济促进区域协调发展？

海洋经济作为推动国家经济增长的重要动力，其在促进区域协调发展方面具有独特的优势。尤其在我国，海洋资源的分布不均，各地区经济发展水平存在较大差距。通过合理利用海洋经济，可以有效促进区域之间的协调发展，缩小区域差距，实现更为均衡的经济布局。

海洋经济的一个关键特性是其对沿海地区和内陆地区的联动性。沿海地区通常具有更强的海洋资源开发能力，如港口、航运、海洋渔业等，而内陆地区则可能因资源限制和地理隔离而面临发展瓶颈。通过加强海洋经济基础设施建设，推动沿海地区的产业优势向内陆辐射，可以促进两者的融合发展。例如，发展跨海域的产业链条，将沿海地区的海洋资源加工产业与内陆的制造业结合起来，不仅能提升内陆地区的产业水平，也能让沿海地区的产业更加多元化，避免经济结构单一的风险。

推动区域协调发展的另一种方式是通过政策引导和产业扶持来缩小不同地区在海洋经济中的差距。对于经济基础薄弱的中西部沿海地区，国家和地方政府可以出台针对性的扶持政策，如税收优惠、融资支持等，鼓励企业在这些地区投资兴业。同时，可以加强海洋技术研发和创新能力，帮助这些地区提升海洋产业的技术水平，增加其在全球竞争中的话语权。这种区域差异化的政策支持，能够有效缩小不同地区的海洋经济发展差距。

与此同时，海洋文化的建设也是促进区域协调发展的重要因素。海洋经济不仅是资源开发行为，更是文化传承的载体。不同海域的海洋文化特色可以成为吸引投资、推动地方经济发展的软实力。通过挖掘和推广地方的海洋文化特色，形成具有地方特色的海洋产业，不仅能够丰富海洋经济的内涵，还能提升区域的综合竞争力。例如，海洋旅游业在一些具有深厚海洋文化积淀的地区得到了迅速发展，通过展示地方的渔民文化、海上民俗等，能够吸引大量游客和投资者，带动当地的经济发展。

区域间的合作也是促进海洋经济协调发展的重要途径。通过区域合作，共享资源和信息，推动技术合作和人才交流，不同地区能够充分发挥各自优势。比如，沿海地区的技术和资金优势可以支持中西部地区的海洋产业发展，而内陆地区的市场需求和劳动力资源可以为沿海地区提供发展动力。加强区域之间的合作，既能避免资源的重复开发，又能实现资源的最优配置。

总之，利用海洋经济促进区域协调发展，需要从产业联动、政策支持、文化建设和区域合作等多方面入手，通过整体布局和精准施策，实现各区域的共同繁荣与发展。

045 海洋经济如何加强区域间合作与交流?

在全球化日益加深的今天，海洋经济的跨区域合作与交流变得尤为重要。不同地区之间的合作不仅能够促进资源的合理利用，也有助于共同应对全球性的挑战，如气候变化、海洋污染等。如何加强区域间的合作与交流，成为推动海洋经济可持续发展的关键。

推动信息共享和数据互通是加强区域合作的基础。海洋经济涉及多个领域，如渔业、能源、航运等，而这些行业的管理和发展都离不开精准的数据支持。区域间应通过建立共享平台，共享海洋资源的相关信息，如渔业资源、海洋环境监测数据等。这种数据的透明化，不仅有助于减少资源争夺，还能帮助各方科学合理地规划和管理海洋资源，避免过度开发与浪费。

建立跨区域的合作机制和联合平台至关重要。各地区可以通过政府间的协商与合作，建立起跨区域的海洋经济合作框架。例如，针对海洋生态保护、航运安全、海洋能源开发等领域，区域间可以共同制定相关政策，协调实施。通过合作机制，各地可以互相学习借鉴成功经验，分享发展模式，避免重复建设和资源浪费。此外，这种合作平台还能有效促进人才的流动与技术的交流，加速海洋经济技术的创新与应用。

加强基础设施互联互通也是区域合作的一个重要方面。海洋经济的发展离不开高效的交通与物流体系，尤其是在港口、航道、渔业基地等基础设施的建设上，区域间可以通过合作共享资源，减少不必要的重复投资。例如，沿海地区可以共建国际航运枢纽，通过高效的港口建设与管理，实现货物的便捷流通；同时，渔业资源丰富的地区可以建立合作机制，共享捕捞技术和渔港设施，提升渔业产业的整体效益。

文化和人文交流也是加强海洋经济区域合作的重要方面。海洋经济的可持续发展离不开社会公众的支持与参与，而这种支持往往需要建立在对海洋文化的共同认同之上。通过开展海洋文化交流活动，推动区域内的海洋文化教育与宣传，可以增强民众对海洋经济的理解和参与热情。各地区还可以通过合作举办海洋科技论坛、学术研讨会等形式，促进海洋科技与文化的双向交流与发展。

加强区域间的合作需要创新的政策支持和激励机制。政府应为跨区域合作提供更为灵活的政策环境，包括资金支持、税收优惠等激励措施，鼓励区域间在海洋经济发展中的合作与创新。这种政策支持能有效引导各方在合作中实现共赢，推动区域经济的协调发展。

由此可见，加强海洋经济区域间的合作与交流，不仅能推动资源的合理利用，也有助于区域经济的均衡发展。通过信息共享、合作平台建设、基础设施互联互通、文化交流以及政策支持，各地区能够实现优势互补，共同应对海洋经济发展中的挑战，推动可持续发展的目标。

第五章

海洋资源开发与环境保护

046 海洋资源开发的环境影响如何评估？

海洋资源的开发为经济增长提供了巨大的潜力，但同时也带来了不可忽视的环境压力。为了确保海洋资源的可持续利用，评估其开发过程中的环境影响至关重要。这一过程涉及多个方面的考虑，目的是最大限度地减少对海洋生态系统的损害。

评估的第一步通常是对海洋生态系统的现状进行详细的调查。这包括对海洋生物多样性、栖息地的状况以及水质的监测等。这些基础数据的收集为后续的影响评估提供了比较标准，能够帮助科学家和政策制定者了解开发活动可能造成的具体影响。例如，油气开采或矿产开采可能会导致海底生态环境的破坏或水域污染，而渔业开发则可能影响鱼类种群的数量和结构。

在收集了相关数据后，评估模型通常被用来预测开发活动对环境的长期影响。这些模型通过模拟不同开发情境下的环境变化，帮助评估潜在的生态损害。比如，渔业资源的过度开发会导致鱼类资源枯竭，而海底矿产的开采可能造成水质下降，进而影响到周围生物的生存环境。通过这些模拟，可以预见到开发活动可能导致的环境风险，并为后期制定缓解措施提供依据。

对开发活动的环境影响评估还包括对人类活动的间接影响。例如，港口建设和航运活动不仅直接影响海洋环境，也会对沿海居民的生活产生影响。噪声、污染物的排放、航道建设可能会影响到人类的生活质量。因此，评估时还需要关注这些间接影响，确保开发活动不会对周边社区的健康和生活环境造成负面影响。

一旦评估结果出炉，制定适当的管理措施和政策是确保环境保护的关键。具体来说，可以采取环境影响减缓措施，如减少污染排放、实施生态恢复项目、制定捕捞限制等。此外，在开发过程中引入严格的监督和管理体系，确保开发活动遵循环境保护法规，是减少环境损害的有效手段。

最后，公众参与也是环境影响评估中的重要环节。通过开放透明的评估过程，允许公众和相关利益方表达意见，可以让决策者更好地理解不同群体对环境保护的关注，并在政策中加以考虑。公众的参与不仅提高了决策的透明度，也加强了社会对海洋资源开发可持续性问题的关注。

总之，海洋资源开发的环境影响评估是一个复杂而系统的过程，涉及生态、经济和社会各方面的考虑。通过科学的评估手段、有效的管理措施和公众的参与，可以最大限度地降低海洋资源开发对环境的负面影响，确保可持续利用海洋资源的同时，保护海洋生态系统的健康。

047　如何保护海洋生态系统？

保护海洋生态系统的关键之一是减少污染。海洋污染的来源多种多样，包括塑料垃圾、油污、工业废水等。塑料垃圾，尤其是微塑料，已经成为海洋生物面临的一大隐患。它们不仅危害海洋生物的健康，还通过食物链最终影响人类的健康。减少塑料使用、加强垃圾处理和回收利用以及对污染源严格管控，都是遏制海洋污染的有效措施。此外，防止油污泄漏、治理农业径流中的有害物质，都是减少海洋污染的有效手段。

保护海洋生态系统还需要应对过度捕捞带来的威胁。全球许多海洋渔业资源已经处于枯竭状态，过度捕捞使得许多物种的种群数量大幅下降，破坏了海洋生态的平衡。

为此，合理设定渔业资源的捕捞配额、推行科学捕捞和生态养殖，以及加强渔业资源的保护区建设，都是有效的对策。同时，倡导消费者选择可持续渔业产品，也能减少对海洋资源的过度依赖。

气候变化对海洋生态系统的影响也不容忽视。海水温度上升、海洋酸化和极端天气事件的增加，正在改变海洋生态的结构和功能。为应对气候变化的影响，国际社会需要加强应对气候变化的合作，减少温室气体排放，采取有效的碳捕集和碳减排技术，减缓气候变化对海洋生态的冲击。

保护海洋生态系统的另一个重要方面是建立海洋保护区。海洋保护区作为一种重要的保护手段，不仅能够有效保护生态系统的完整性，还能够为海洋物种提供栖息和繁衍的空间。通过划定禁渔区、实施禁捕期等措施，海洋保护区能够为海洋物种恢复提供良好的环境，促进生态多样性的保护。

最后，公众的参与和教育同样至关重要。通过加强海洋环保意识的宣传，鼓励人们采取环保行动，如减少塑料使用、支持可持续渔业等，可以形成全社会共同参与保护海洋生态的良好氛围。

保护海洋生态系统是一个系统工程，需要政府、企业和公众的共同努力。只有通过减少污染、控制捕捞、应对气候变化、加强海洋保护区建设，以及推动社会各界的广泛参与，才能实现海洋生态的长期保护，让这一蓝色星球的生命源泉得以持续流动。

048　海洋污染问题的根源是什么？

海洋污染已经成为全球面临的重大环境问题之一，其影响不仅仅局限于海洋生态系统，还深远地波及人类的生存和发展。然而，海洋污染的根源并非单一，而是由多个复杂因素交织而成。

一个主要的根源是人类活动，尤其是类工业化和城市化进程中的不当行为。随着全球人口的增长和工业化的推进，大量的工业废水、生活垃圾和化学废料被倾倒进海洋。特别是在一些发展中国家，垃圾处理系统不完善，许多污水未经处理直接排入海洋，导致水质恶化，生态环境受到威胁。工业化带来的塑料生产也成为海洋污染的一大源头。每年，数百万吨的塑料垃圾进入海洋，其中相当一部分最终变成微塑料，难以被自然降解，对海洋生物造成严重危害。

农业也是海洋污染的重要源头之一。农药和化肥的过量使用，尤其是化学农药的滥用，导致大量有害物质通过降水或径流进入海洋。农业污水中的氮、磷元素会导致水体富营养化，进而引发水华现象和缺氧问题，对海洋生物造成毒害，影响渔业资源的可持续发展。

人类对于海洋资源的过度开采也是海洋污染的一大根源。过度捕捞不仅破坏了海洋食物链，还使得海洋生物的栖息地遭到破坏。大量的渔网和捕捞工具遗留在海底，也成为海洋垃圾的一个重要组成部分，严重影响了海洋生态的平衡。

与此同时，气候变化加剧了海洋污染问题。全球变暖导致海水温度上升，极端天气的增加也使得海洋生态系统的自净能力受到影响。海洋酸化的加剧则使得海洋生物，特别是珊瑚礁和贝类等依赖碳酸钙的生物面临生存压力，进一步削弱了海洋环境的恢复能力。

最后，公众意识的缺乏也是海洋污染的根源之一。尽管环保行动在一些国家和地区取得了一定成效，但全球范围内，仍有许多人对海洋污染问题认识不足。尤其是在塑料使用、垃圾分类、废水处理等方面，许多人并没有养成良好的环保习惯，导致问题更加复杂化。

解决海洋污染问题，需要从源头治理做起，包括加强环保法规的执行，推动绿色技术的应用，提高公众环保意识，减少资源的浪费和污染排放等。只有全社会共同努力，才能有效遏制海洋污染的蔓延，让海洋生态系统重新焕发活力，确保我们的海洋资源能够长期可持续地为人类所利用。

049 如何减少海洋垃圾?

海洋垃圾，尤其是海洋中的塑料污染，已经成为全球环境面临的一个严峻挑战。每年，数百万吨垃圾被倾倒入海洋，不仅危害海洋生态系统，还对人类健康和经济活动产生深远影响。因此，减少海洋垃圾已成为全球范围内的重要议题。

减少海洋垃圾的首要步骤是从源头上控制污染。这意味着需要大力推广垃圾分类和回收制度，减少不可降解的塑料垃圾流入海洋。提高公众对垃圾分类的认识，尤其是在城市化进程较快的地区，通过教育和宣传，帮助人们意识到每一件随意丢弃的塑料制品都有可能最终进入海洋，对生态环境造成巨大损害。

减少一次性塑料制品的使用也是解决海洋垃圾问题的有效途径。随着生活水平的提高，塑料袋、塑料吸管、塑料瓶等一次性产品的使用频率大大增加。减少这些产品的使用，鼓励使用可重复利用的环保袋、金属吸管和玻璃瓶等替代品，是当前各国环保政策的重点。各地政府和企业应当积极出台政策，鼓励公众和消费者选择绿色、可降解的产品。

企业和工业界在减少海洋垃圾方面也应承担重要责任。很多生产过程中的废弃物和污染物没有得到妥善处理，直接进入了水域。为此，企业应加大环保投入，改进生产工艺，提高废物的回收和处理效率。同时，对于海洋周边的渔业和旅游业等行业，也应实施更加严格的环保标准，避免不必要的污染。

加强海洋垃圾的清理与回收工作也是减少海洋垃圾的重要措施。世界各地已经涌现出许多清理海洋垃圾的项目和技术，比如清洁船（Clewat）、海洋垃圾桶（Seabin）、垃圾鲨鱼（WasteShark）、多功能海洋垃圾处理平台等。与此同时，各种环保组织和志愿者也在积极参与海滩清理活动。政府和相关机构可以通过提供资金支持和政策扶持，鼓励这些清理行动持续开展，确保海洋垃圾问题得到更有效的治理。

国际合作在减少海洋垃圾方面也至关重要。海洋是全球的共同财富，任何一个国家的海洋垃圾问题都会影响到其他国家的生态环境。因此，加强国际信息共享、技术合作和法律监管，共同推动全球海洋垃圾的减少，已成为各国必须面对的重要课题。

总的来说，减少海洋垃圾需要政府、企业、公众和国际社会的共同努力，只有全方位的措施才能有效解决这一问题。保护海洋环境，关乎我们每个人的未来，只有我们每个人都行动起来，才能让海洋变得更加清洁、美丽。

050 海洋酸化对海洋经济的影响是什么？

海洋酸化是指海洋吸收过多二氧化碳后，导致水体pH值下降的现象。这一问题正在加剧，已经对全球海洋生态系统造成了显著影响，它对海洋经济的影响也日益显现，特别是在渔业、海洋旅游和沿海地区的经济活动中。

海洋酸化最直接的影响之一是对海洋生物的伤害。许多海洋生物，尤其是珊瑚、贝类、甲壳类动物和一些浮游生物，依赖碳酸钙构建外骨骼或壳体。海洋酸化会减少水中碳酸盐的浓度，进而影响这些生物的生长和繁殖。随着这些生物种群的减少，整个海洋食物链都会受到威胁，从而影响渔业资源的可持续性。渔业是全球众多沿海国家经济的支柱之一，尤其是发展中国家，对海洋资源的依赖程度更高。如果鱼类和其他水生物种的数量减少，渔民的收入将直接受损，相关产业链也会遭受打击。

海洋酸化还可能对海洋旅游产生不利影响。珊瑚礁是全球旅游业的重要资源，尤其是在热带地区，海底观光和潜水活动吸引了大量游客。珊瑚礁的健康状况直接影响到这些活动的吸引力。随着海洋酸化加剧，珊瑚礁的退化将会影响水下景观，减少游客的兴趣，从而影响旅游业的收入。与此同时，海洋酸化还可能导致沿海生态系统的失衡，使得游客的体验大打折扣。

沿海地区的基础设施和城市发展也可能因此受到影响。海洋酸化不仅改变了海洋生物的多样性，还可能影响沿海地区的水质和生态平衡。渔业、旅游业等相关产业的萎缩可能导致地区经济的衰退。此外，一些沿海城市的发展依赖海洋资源开发相关的经济活动，海洋酸化带来的资源破坏可能导致这些地区经济增长的停滞或倒退。

为了应对海洋酸化带来的挑战，全球各国需要加强对海洋生态环境的保护和修复，同时采取减排措施减少二氧化碳的排放。通过提升可持续渔业管理、加强海洋生物多样性的保护以及促进绿色旅游业的发展，可以有效减缓海洋酸化对经济的影响。此外，增加公众对海洋酸化问题的认知，推动绿色技术和低碳经济转型，能为海洋经济的可持续发展提供新的动能。

海洋酸化不仅是环境问题，更是经济问题。只有全球共同努力，才能确保海洋生态系统的健康，保障海洋经济的持续发展。

051　如何应对海洋生态破坏？

海洋是地球生命的重要支撑，然而目前海洋生态遭受了严重破坏。无论是过度捕捞、海洋污染，还是气候变化，都给海洋生态的健康带来巨大的影响。为了应对这些问题，必须采取切实有效的措施，从保护到修复，从监管到创新，形成合力，保障海洋生态的可持续发展。

海洋生态破坏的主要原因之一是过度捕捞。全球范围内，很多渔业资源的捕捞量超过了可再生的极限，导致鱼类种群减少，生态平衡被打破。为了解决这一问题，各国应加大渔业资源的保护力度，实施更严格的捕捞配额制度，推广可持续渔业实践。同时，支持海洋保护区的建立，限制商业捕鱼活动，以帮助海洋生物恢复栖息地和繁殖区域。

海洋污染，尤其是塑料垃圾污染，已经成为全球海洋生态的另一大杀手。每年，数百万吨塑料垃圾进入海洋，给海洋生物带来致命威胁。减少海洋污染，必须从源头做起，减少塑料制品的使用，加强废物回收和处理的能力，同时鼓励企业和公众参与海洋环保行动。国家应出台更加严格的环保政策，推动绿色经济发展，减少工业污染排放，尤其是控制化学物质和有害废弃物的排放。

气候变化带来的海洋温度升高和海洋酸化，也对生态系统构成了严峻的挑战。为了应对这一问题，全球各国需要加强减排措施，控制温室气体的排放，以减缓气候变化对海洋生态的影响。同时，应加强对海洋温度和酸化程度的监测，及时发现问题并采取修复措施，比如人工栽植珊瑚礁、恢复海草床等，以缓解气候变化带来的负面影响。

应对海洋生态破坏不能仅依靠政府的政策和措施，社会各界的广泛参与同样至关重要。公众的环保意识和参与度是推动海洋保护的关键因素。通过教育和宣传，提升人们对海洋生态重要性的认识，鼓励人们减少使用一次性塑料制品、参与海滩清洁活动等，营造全民共治海洋环境的氛围。

总之，应对海洋生态破坏需要全球合作和多方面的努力。只有通过加强法律法规的执行，推动科技创新，增强公众环保意识，才能有效地修复和保护我们的海洋生态系统。海洋是地球的“蓝色心脏”，保护好它就是保护我们共同的未来。

052　深海矿产开发对环境的影响有哪些？

随着科技的不断进步，深海矿产资源的开发逐渐成为全球经济增长的新亮点。然而，深海矿产的开采不仅带来了潜在的经济利益，也对海洋生态系统产生了不容忽视的影响。

深海矿产开采会对海洋生物造成威胁。矿产开采可能导致海洋生物的栖息地被破坏。开采过程中的噪声、光污染和废弃物排放等都可能干扰深海生物的正常生活，甚至导致某些物种的灭绝。此外，深海矿产开采带来的沉积物扰动，可能覆盖底栖生物，影响这些物种的生存。

深海开采带来的化学污染也是一个严峻的问题。矿产开采过程，往往伴随有有毒金属和化学物质的释放。矿石在海底破碎时，这些物质可能与海水发生反应，形成有害的化学物质，进而影响水质，甚至进入海洋食物链，危害生态系统和人类健康。尤其是深海矿产中的金属元素，若进入食物链，将可能对海洋生物及依赖海洋资源为生的群体造成长期的负面影响。

深海矿产开采对气候变化的间接影响也不容忽视。矿产开采的能源消耗往往是巨大的。大量的能源需求不仅加剧了温室气体的排放，还可能导致更大范围的生态破坏。更严重的是，一些深海矿产，如甲烷水合物，在开采过程中，若未得到妥善处理，会释放出大量的温室气体，进而加剧全球气候变暖。

深海矿产开发往往存在技术和管理的空白。许多开采项目缺乏足够的环境监测与评估机制，缺乏相应的环境保护措施。这不仅增加了开发过程中的不确定性，也使得长远的环境影响难以评估和预防。

在这种背景下，如何平衡深海矿产开发与环境保护成为一个迫切需要解决的问题。各国政府和企业应加强对深海开采活动的监管，制定严格的环保标准，推动清洁技术的发展，并通过国际合作，确保深海资源开发与生态保护同步进行。只有通过科学管理和技术创新，才能实现深海矿产开发与海洋生态的和谐共存。

053　海洋环境保护和经济开发如何平衡？

海洋环境保护和经济开发的平衡一直是一个复杂而紧迫的话题。海洋是地球的生命之源，提供了丰富的资源，但过度开发和污染威胁着其生态系统的健康。在追求经济利益的同时，如何确保海洋环境的可持续性，成为当今全球面临的重要挑战。

海洋经济，涵盖渔业、海洋能源、旅游等多个领域，为世界各国提供了大量的经济收益。例如，海洋渔业为数以亿计的人提供了食物，海洋能源的开发则为满足全球能源需求提供了另一种解决方案。然而，随着这些产业的迅速发展，海洋生态系统的承载能力正面临着严峻的考验。过度捕捞、污染物排放、石油开采等活动，正在对海洋生物多样性、水质、气候等造成深远影响。

要实现海洋环境保护与经济开发的平衡，首先需要从政策层面进行有效的监管和规划。制定严格的环境保护法律法规，要求在进行各类开发活动前进行环境影响评估，并采取相应的环保措施。

跨国合作也至关重要，因为海洋是全球共享的资源，任何国家或地区的环境污染都可能影响到全球范围的生态平衡。

技术创新是另一个关键因素。通过发展绿色技术、清洁能源和高效资源利用方法，可以减少对环境的负面影响。例如，在海洋能源开发中，利用可再生的海洋风能和潮汐能取代传统的石油和天然气开采，不仅能够推动经济发展，还能减少碳排放，减缓气候变化。而在渔业方面，推广可持续渔业管理和智能捕捞技术，可以帮助渔民保护渔业资源，减轻过度捕捞对生态环境的压力。

增强公众的环保意识也是关键。公众的环保意识越高，消费者和企业的选择就会更加注重可持续性，推动市场和社会从根本上实现对环境保护的支持。例如，绿色旅游、生态渔业等新兴产业的兴起，就是在满足人们经济需求的同时，尊重自然、保护环境的表现。

总的来说，海洋环境保护和经济开发之间并非对立的关系，而是可以通过科学管理、技术创新和国际合作实现双赢的局面。只有在尊重自然、保护生态的前提下推动经济的可持续发展，才能确保我们与海洋共享这片宝贵的资源，持续受益于它的馈赠。

054 生态补偿在海洋资源开发中的作用是什么？

生态补偿在海洋资源开发中的作用不可忽视。随着全球经济对海洋资源需求的不断增长，过度开发导致的生态破坏成为一个日益严重的问题。为了解决这一问题，生态补偿作为一种创新的政策工具，正在全球范围内逐渐被采纳，尤其是在海洋资源开发领域，它能够在促进经济发展的同时，有效地保护生态环境。

生态补偿的核心理念是当人类活动对生态系统造成损

害时，通过一定的经济或其他形式的补偿，弥补生态环境的损失。这种方式可以帮助开发活动的主体承担其活动带来的环境代价，确保环境资源能够得到恢复和保护。在海洋资源开发过程中，生态补偿为受损的海洋生态系统提供了修复的资金和支持，从而避免了短期的经济利益侵蚀长远的生态价值。例如，在海洋渔业开发中，过度捕捞不仅破坏了鱼类的种群结构，还破坏了海洋生态的平衡。通过实施生态补偿政策，相关企业或政府可以将一部分开发收入投入到渔业资源的恢复与保护工作中，如渔业资源补充、禁渔期的设立和渔业生态环境的修复。这种方式不仅保证了渔业的可持续发展，也为生态环境的恢复提供了支持。

此外，生态补偿还可以促进海洋能源开发的可持续性。对于油气开采、风能和潮汐能等能源开发，开发者需要采取措施减少对海洋生态的破坏。生态补偿机制可以促使开发商投入资金用于海洋生态修复、污染治理和物种保护，从而减少开发活动对生态系统的负面影响，并为受损的区域提供修复资金。

更重要的是，生态补偿的实施还可以促进各方的合作。在海洋资源开发中，往往涉及多个利益方，如政府、企业、渔民以及环保组织等。生态补偿政策能够为各方提供一个共同的利益基础，推动它们在生态保护和资源开发中达成一致，形成长效的合作机制。

总之，生态补偿为海洋资源开发提供了一种平衡经济发展和生态保护的有效工具。通过适当的补偿机制，既能推动海洋资源的可持续开发，又能有效保护海洋生态系统，为未来的可持续发展奠定基础。

055 海洋生态恢复项目如何进行？

海洋生态恢复项目是为了修复和恢复由于过度开发、污染或气候变化等因素而受到破坏的海洋生态系统。这些项目不仅是环境保护的需要，也是应对海洋资源持续恶化问题的重要措施。它们旨在恢复海洋生物多样性，提高生态系统的稳定性，并确保未来资源的可持续利用。

在进行海洋生态恢复时，项目的设计和实施必须考虑到具体的生态背景和需求。恢复项目通常包括对受损区域的评估与监测，通过科学方法了解生态系统的损害程度，明确需要恢复的重点区域。对于不同类型的生态系统，恢复的策略也有所不同。例如，对于珊瑚礁的恢复，可能需要通过人工珊瑚礁的建设或栽培幼珊瑚来重建珊瑚栖息地；而在海草床恢复中，则可能采用人工种植海草、控制水质污染等方式。

在具体的项目实施过程中，合作与协调至关重要。政府、科研机构、环境组织和地方社区的紧密合作，可以确保资源的有效配置和管理。政府需要制定相关政策法规，为恢复项目提供支持，科研机构则负责项目的科学研究和技术支持，环保组织和社区则可以参与到实际的恢复工作中，例如参与监测、志愿植树等活动。

另外，海洋生态恢复不仅仅是一个短期的过程，它需要长时间的持续投入和管理。在恢复过程中，项目团队通常会进行定期的监测，评估恢复效果，及时调整策略。比如，珊瑚礁恢复项目可能会在不同季节进行定期检查，确保人工珊瑚的生长情况和生态环境的适应性。

恢复工作的成功与否，往往也和社会的认知、参与度息息相关。加强公众教育和参与，提升大家对海洋生态重要性的认识，是长期恢复项目能够取得效果的关键。通过教育活动，提升公众对海洋环境保护的意识，促使人们在日常生活中减少对海洋环境的负面影响，参与海洋保护活动。

总的来说，海洋生态恢复项目是一项复杂的系统工程，涵盖了环境、社会、技术等多个方面。通过科学评估、持续的合作与参与，以及长时间的管理与监测，海洋生态系统有望逐步恢复，为未来的海洋资源可持续发展奠定基础。

056　海洋资源开发的环境政策有哪些？

海洋资源开发是一项复杂且具有高度敏感性的工作，其带来的环境影响往往深远且不可逆。因此，许多国家和地区都出台了相应的环境政策，旨在实现海洋资源开发与环境保护的平衡。海洋资源的开发政策不仅要考虑经济效益，还要注重保护海洋生态系统的健康与可持续性。

其中，海洋环境保护政策的一个重要方面是对海洋污染的管控。为了避免石油、化学品等污染物的泄漏对海洋生态造成严重破坏，很多国家在海洋资源开发领域设定了严格的排放标准和监控体系。例如，海上石油钻探和海洋矿产开采活动必须采取防止油污泄漏的措施，并且对废水和废气排放进行严格的审查和控制。此外，国家还会通过海洋保护区、禁渔区等方式来限制某些高风险开发行为，以保护特定区域的生态环境。

另外，生态恢复政策也逐渐被纳入到海洋资源开发的整体规划中。开发活动一旦对环境造成破坏，政策要求开发方必须投入资金和资源进行生态修复。很多国家已建立起生态补偿机制，要求开发企业对海洋生态的破坏进行一定的经济赔偿，并用于当地的环境保护和生态恢复工作。这一机制不仅能弥补短期内资源开发造成的环境损害，还能促进生态的长远恢复。

此外，海洋资源开发的环境政策还涉及跨国合作和全球治理。例如，《联合国海洋法公约》以及国际海底管理局制定的规则等对深海矿产资源的开采和管理提出了全球性要求。这些国际法律文件鼓励各国遵守环境保护标准，减少因资源争夺带来的冲突和生态破坏。在这些政策的推动下，许多跨国公司和相关机构积极开展环境影响评估，以确保在资源开发过程中最大限度地减少生态风险。

随着全球气候变化的加剧和海洋生态问题的日益严峻，海洋资源开发的环境政策正朝着更加综合和系统的方向发展。这些政策不仅强调减少直接环境影响，还重视建立更加完善的环境评估、监测和纠正机制，以确保开发行为在可持续框架下进行。

第六章

海洋经济的创新与发展
——推动陆海统筹协同发展

057 创新驱动发展对陆海统筹有何推动作用?

海洋经济中的创新驱动发展，正成为推动陆海统筹的重要动力。在当前全球化和科技迅速发展的背景下，创新不仅是海洋经济持续增长的引擎，更是推动陆海统筹实现协调发展的关键因素。创新驱动发展，不仅能为海洋经济开辟新的增长点，还能通过智能化、绿色化等新兴理念促进陆海资源的高效利用和可持续发展。

海洋经济本身具有独特的潜力。无论是海洋资源的开发利用，还是海洋产业的创新模式，都与陆地经济相辅相成，互为支持。随着科技进步，海洋经济的创新应用已突破传统领域，涵盖了深海开发、海洋生物医药、海洋能源、海洋信息技术等多个方面。这些创新不仅带动了海洋产业的升级，还帮助加快了陆海资源的融合发展。

创新驱动海洋经济发展，能够为陆海统筹提供更为科学合理的路径。例如，智能化和数字化技术的广泛应用，可以提升海洋资源的开发效率，降低环境影响。通过智能传感器、无人机和卫星遥感等技术，能够实时监测海洋环境和资源状态，及时调整资源利用方案。这种精准的信息支撑，使得海洋资源的开发与保护之间能实现更加微妙的平衡，避免了以往盲目开发带来的生态破坏。

同时，海洋产业的创新也促使陆地经济和海洋经济的互动更加紧密。比如，海洋风能和太阳能的开发，为沿海地区提供了可再生能源的支撑，而这类清洁能源的应用，不仅促进了海洋经济的发展，也推动了沿海区域的绿色转型。创新驱动的能源技术，可以促进陆海经济的联动和融合，实现更加高效和低碳的区域发展。

此外，创新还推动了陆海统筹在规划和政策制定中的更广泛应用。随着海洋资源开发和利用逐步提速，相关的法律法规、政策引导也在逐步完善。创新的政策工具和规划理念，帮助政府更加科学地制定区域协调发展战略，促进陆地和海洋经济的平衡与共同发展。例如，海洋经济的绿色发展政策、生态补偿机制等创新措施，能够帮助各地区更好地应对环保挑战，确保资源利用的可持续性。

由此可见，海洋经济的创新驱动发展不仅促进了产业升级，也为陆海统筹提供了更加多元的解决方案。通过创新，我们能够更好地调动海洋资源与陆地资源的协同效应，推动区域经济实现更高质量、更可持续的发展。这种发展模式，不仅满足了当前经济增长的需求，更为未来的绿色、智能、协调发展提供了无限可能。

058　海洋能源产业的创新突破有哪些?

海洋能源产业的创新突破，正在为全球能源格局带来深远变化。随着技术的不断进步，海洋成为潜力巨大的能源宝库，尤其是在风能、潮汐能、波浪能和海洋温差能等领域。这些新兴能源形式，不仅为能源多样化提供了新的选择，也推动了能源生产的绿色转型。

其中，海洋风能的突破无疑是最引人注目的。近年来，随着风力发电技术的不断提升，尤其是在深远海域的应用，海洋风能的开发进入了新的阶段。浮动式海上风电技术的成熟，使得海上风力发电可以在更深的水域开展，这大大扩展了可利用风能的区域。与传统陆地风电相比，海洋风电不仅风速更稳定，发电效率更高，而且还能减少对陆地生态环境的影响。这一技术突破，让海洋风能逐渐成为全球可再生能源的重要组成部分。

除了风能，潮汐能和波浪能的开发也在不断取得进展。潮汐能的优势在于它的可预测性，潮汐的规律性使得其能源生产过程具有很高的稳定性。目前，全球多个国家已经在沿海地区实现了潮汐能的商业化应用。与之相似，波浪能也因其能源密度高且波动性强而受到了重视。越来越多的技术公司在波浪能转换器的设计上进行创新，力求提高效率并降低成本，未来这一领域有着巨大的发展潜力。

在海洋温差能领域，技术创新同样带来了显著进展。海洋温差能是利用海洋表面与深层水之间的温差，进行能量转换。这一技术虽然起步较晚，但随着材料科学和热交换技术的发展，海洋温差能的商业化前景逐渐明朗。特别是在热带和亚热带地区，海洋温差能为地区能源供应提供了新的解决方案。

另外，海洋能源的智能化应用也开始崭露头角。随着物联网、大数据和人工智能等技术的融合，海洋能源的监控、管理和调度变得更加高效。这些技术的结合，不仅提升了能源产出的稳定性和安全性，还为未来的大规模海洋能源开发提供了坚实的技术保障。

总的来说，海洋能源产业的创新突破，正在从传统的能源生产模式向更加绿色、可持续的方向迈进。这些技术的突破，不仅有助于缓解全球能源危机，还将为实现低碳经济目标提供坚实的支持。在不久的将来，海洋能源有望成为全球能源结构中的重要一环，为人类的可持续发展提供源源不断的动力。

059　陆海统筹如何促进海洋科技创新的跨领域发展？

陆海统筹是实现海洋科技创新跨领域发展的关键，它通过整合陆地与海洋资源、技术与产业，推动了不同领域的协同创新。在全球能源转型、环境保护和可持续发展的大背景下，海洋科技的进步对国家和地区经济的未来发展至关重要。

陆海统筹的一个重要作用就是打破传统产业边界，使得海洋科技能够在多个领域内进行融合发展。例如，在海洋资源开发方面，陆海统筹不仅考虑到海洋生物资源的可持续利用，还将海洋能源开发、海洋生态保护等多个领域的科技成果汇聚在一起，推动技术共享和合作，提升整体研发效率。在海洋风能、潮汐能等领域，陆地与海上技术的跨界合作促使能源转化技术不断取得突破，这不仅优化了能源利用效率，还降低了资源开采和开发过程中的环境影响。

同时，陆海统筹有助于推动海洋工程技术与信息技术的深度融合。在深海勘探、海底管道建设等高技术领域，陆地的智能化技术和海洋的工程技术可以通过统一规划和整合，使得复杂工程能够实现高效、安全的实施。现代信息技术，尤其是物联网、大数据和人工智能的应用，为海洋科技创新提供了更为精准的数据支持和决策工具，使得海洋产业链各环节能够实现高效协同，提升整体技术水平。

此外，陆海统筹还促进了海洋生态保护与资源开发之间的平衡。在海洋污染防治、生态恢复等方面，陆地的环境保护技术和海洋生态修复技术可以结合使用，共同推动海洋生态环境的改善和资源的可持续利用。这种跨领域合作不仅保障了海洋生态系统的健康，也为海洋产业的长远发展创造了良好的环境条件。

陆海统筹还带动了政策层面的协调和支持，通过国家或地方政府的战略性规划，为海洋科技创新提供了系统性支持。政策的引导可以促使更多的科研机构、企业和社会组织参与到海洋科技创新的实践中，推动跨领域的资源共享和技术合作，形成多方合力，共同推动海洋科技的突破和发展。

总之，陆海统筹促进了海洋科技创新的跨领域发展，使得海洋产业在资源、技术、政策等多方面形成了有机联动。这不仅提升了海洋科技的创新能力，还为实现海洋经济的可持续发展奠定了坚实基础。通过更加紧密的协同合作，陆海统筹正引领海洋科技走向一个更加广阔的发展前景。

060 如何实现海洋产业数字化转型与陆地产业的融合发展？

海洋产业的数字化转型正在成为推动行业创新和升级的重要力量，尤其是在与陆地产业的融合发展中，数字化技术的应用提供了全新的思路和解决方案。数字化不仅能提升海洋产业的效率，还能通过技术创新促进与陆地产业的深度融合，从而推动整体经济的可持续发展。

海洋产业的数字化转型首先体现在信息化技术的全面应用。例如，海洋物联网技术通过传感器和数据采集设备，实现了对海洋资源的实时监测与管理。在渔业、港口物流、海洋能源等领域，实时数据的采集和传输让资源管理更加精准和高效。而在这一过程中，陆地产业如信息技术、人工智能等领域的技术支持起到了关键作用，它们使得海洋产业能够更好地借助大数据分析、云计算和人工智能等技术手段，优化运营和管理。

另外，海洋产业的数字化转型为产业链各环节提供了更紧密的联结。通过数字化平台，海洋产业可以实现跨地域、跨部门的协同合作。例如，海上风电项目的设计、建设和运维可以通过数字化模型实现全流程管理，而在这一过程中，陆地上的工程技术、供应链管理等也可以通过同一平台进行协同工作，实现资源共享和优化配置。这种跨行业、跨领域的融合，为海洋产业和陆地产业创造了更多合作空间。

数字化技术还使海洋产业在生态保护和环境管理方面更加高效。通过数字技术，可以实时监控海洋生态环境的变化，提前预测潜在的环境风险，从而避免资源过度开发和环境破坏。这不仅有助于提高海洋产业的可持续性，也为与陆地产业的环保合作提供了新的可能。比如，陆地产业中的绿色技术和海洋产业中的生态恢复技术可以通过数字平台进行信息共享和技术融合，提升两者在环境保护方面的整体效能。

在海洋产业的数字化转型过程中，政策和人才的培养也起着至关重要的作用。政府在推动海洋数字化发展的同时，需要制定支持性的政策，鼓励企业加大数字化技术的研发投入，并推动跨行业的人才交流与合作。同时，陆地产业中积累的数字化经验和人才资源，能够为海洋产业的数字化转型提供宝贵的支持。

总之，海洋产业的数字化转型不仅能够提升自身效率，还能通过与陆地产业的融合发展，促进技术创新、资源共享和生态保护的协调。这种跨领域的协作将为未来的经济发展打开新的局面，推动海洋产业向更加智能化、绿色化的方向迈进。

061 海洋大数据如何为陆海统筹提供精准决策支持？

海洋大数据作为推动海洋产业和陆海统筹发展的重要工具，正日益成为决策者制定政策、优化资源配置的关键支持。全面采集和处理来自海洋环境、资源、活动等方面的大数据，可以为陆海统筹提供更加精准和科学的决策依据，促进二者的协调发展。

海洋大数据的核心价值在于其信息的全面性和时效性。通过卫星遥感、海洋观测浮标、无人机和物联网设备等技术手段，可以实时采集包括海水温度、盐度、潮汐、流速等在内的海洋基础数据。这些数据通过分析和处理，不仅能够反映出海洋环境的动态变化，还能揭示出潜在的风险和机遇。例如，海洋资源的分布、海洋生物的迁徙规律、气候变化对海洋的影响等，都可以通过大数据的方式进行精准预测。这些信息对陆海统筹政策的制定尤为重要，它们为政府和企业提供了基于科学数据的参考，避免了单纯依赖经验或推测的盲目决策。

在海洋资源管理方面，海洋大数据为统筹提供了多维度的支持。例如，渔业资源的可持续管理需要对渔场的资源状况和渔获量进行精准监控和评估。通过大数据的分析，决策者能够更好地掌握渔业资源的动态变化，科学调控渔业捕捞行为，避免过度捕捞，保障资源的可持续利用。同时，海洋大数据还能够帮助评估海洋能源开发的可行性，支持海洋风电、海洋油气等领域的科学布局，避免资源开发对生态环境造成破坏。

海洋大数据还在环境保护和灾害预警中扮演着重要角色。通过对海洋生态系统的长期监测，可以实时评估生态健康状况，及时发现污染源并进行干预。此外，大数据还在海洋灾害预警中发挥着巨大的作用，如台风、海啸、红潮等自然灾害的预警和响应。通过对大量气象和海洋数据的精准分析，能够预测灾害的发生和影响范围，为各类应急响应措施的提前部署提供可靠依据。

不仅如此，海洋大数据的跨领域整合与共享，为陆海统筹的协调发展提供了强大动力。通过数据平台的建设，海洋、气象、农业、交通等多个领域的数据可以互联互通，形成全面、立体的决策支持系统。例如，结合陆地交通和海上航运的数据，可以实现港口与陆地交通的高效联动；结合海洋资源和生态环境的变化数据，可以推动产业与环境的有序协调。

由此可见，海洋大数据为陆海统筹提供了精准、科学、实时的决策支持，帮助实现海洋资源的可持续利用、生态环境的保护以及灾害的预警与防范。随着数据技术的不断进步，未来海洋大数据在陆海统筹中的应用将更加广泛，对推动经济社会可持续发展起到越来越重要的作用。

062 人工智能如何助力海洋经济与陆地经济的深度融合？

人工智能（AI）在海洋经济与陆地经济的深度融合中，正扮演着越来越重要的角色。通过高效的数据处理、智能决策和精准预测，AI能够为二者的协同发展提供强有力的技术支持。

海洋经济和陆地经济虽属于不同领域，但二者之间的联系却日益紧密。随着全球化的演进和技术的进步，陆海之间的资源、市场和产业正在迅速互联互通。人工智能通过分析和处理海量的数据，使得这一融合变得更加高效和精准。例如，AI可以对来自海洋的实时数据进行深入分析，预测海洋环境变化趋势，从而帮助陆地产业做出更加科学的决策。对于渔业、航运、海洋能源等领域，AI不仅能优化生产过程，还能提升资源利用效率和减少浪费。

在海洋资源的开发方面，AI可以通过智能算法分析不同海域的资源分布和环境变化，协助海洋经济做出科学的开发规划。例如，在海上风电领域，AI能够根据海洋风速、气候条件等数据进行建模，优化风电场的选址和设计，提高能源产出效率。同时，AI还能预测海上气象变化，为船舶航运提供精准的天气预警和路径优化，减少航运过程中的风险和成本。

AI还在生态环境保护中发挥着关键作用。通过对海洋生态系统的智能监测和数据分析，AI能够实时发现污染源和生态破坏，帮助相关部门快速响应并采取措施。同时，AI技术也能在海洋生态恢复过程中，精准指导修复措施的实施，以最小的成本和最大的效益恢复生态平衡。

在陆地经济方面，AI通过与海洋经济的深度融合，推动跨领域的产业创新。例如，智能物流系统通过结合陆地交通与海洋航运数据，优化全球供应链，降低运输成本，提高运输效率。AI技术在智慧港口的应用，提升了港口的管理效率和货物流转速度，推动了全球贸易的顺畅进行。

此外，AI还通过促进“智慧城市”的发展，推动了陆地与海洋经济的协同发展。利用AI，城市可以更好地管理资源，优化能源消耗，提高环境保护水平。特别是在人口密集的沿海地区，AI技术能够帮助城市实现可持续发展目标，在促进经济发展的同时，保障海洋资源的可持续利用。

总的来说，人工智能不仅为海洋经济和陆地经济的融合提供了强大的技术支撑，还通过智能化的决策和预测，为两者的协同发展注入了新的动力。随着技术的不断进步，AI将在未来的经济格局中扮演更加核心的角色，推动陆海之间更加紧密的合作与共赢。

063 海洋机器人技术在陆海统筹中的应用前景如何？

海洋机器人技术近年来发展迅速，尤其在陆海统筹的背景下，其应用前景广阔。随着科技的不断进步，海洋机器人逐渐成为连接海洋与陆地经济的重要桥梁，不仅为海洋资源的开发提供了新的手段，也为环境保护、科研探索和产业升级带来了巨大的潜力。

在海洋资源开发方面，海洋机器人技术为探索深海矿产资源和海洋能源提供了强大的支持。传统的海洋资源开采往往依赖于昂贵且复杂的设备，而海洋机器人则通过自主控制、远程操作和深海适应能力，降低了成本，提高了开采效率。例如，深海机器人可以在极端环境下完成水下勘探、采样及资源评估工作，减少人工干预，提升开采精度。

同样，在海洋环境保护领域，海洋机器人也展现出重要价值。机器人可以在海洋中自动巡航，实时监测水质、温度、污染物等数据，并将信息反馈给陆地的指挥中心。这些数据对于评估海洋生态系统的健康状况至关重要，能够帮助决策者及时采取必要的保护措施。此外，海洋机器人还能在污染治理中发挥作用，如在油污泄漏事故发生时，通过机器人迅速进行溢油清理，减少对生态系统的破坏。

海洋机器人在航运和港口管理中的应用也日益广泛。在航运行业，水下机器人可以对船只进行检查、维修和清洁，减少人工检修的工作量，提高港口的运行效率。同时，它们还可以在恶劣天气和复杂水域中执行任务，为船只提供实时的导航辅助，保障航行安全。通过与陆地交通系统的联动，海洋机器人进一步推动了智慧港口和智慧航运的发展，提升了全球物流的效能。

在陆海统筹的宏大框架下，海洋机器人技术的跨界应用将会为陆地经济与海洋经济的深度融合提供更多创新机遇。随着人工智能、大数据、物联网等技术的融合，未来的海洋机器人不仅能在深海作业中发挥作用，还能在生态修复、气候变化监测等方面提供智能化解决方案。陆海之间的信息流、资源流和产业流将因海洋机器人的参与更加高效、协同和智能化。

总的来说，海洋机器人技术在陆海统筹中的前景非常广阔，它不仅能为海洋资源的可持续开发、海洋环境的保护以及海洋产业的升级提供技术支持，还将在推动海洋经济与陆地经济深度融合、实现绿色发展方面发挥重要作用。随着技术的不断进步和应用场景的不断拓展，海洋机器人技术将成为未来海洋治理与经济发展的重要支撑。

064 如何利用海洋信息技术促进陆海产业链的优化与整合?

海洋信息技术的迅猛发展为推动陆海产业链的优化与整合提供了新的动力。随着全球经济向更加智能化、数字化方向发展，海洋信息技术作为连接海洋与陆地的桥梁，正发挥着越来越重要的作用。它不仅帮助海洋产业实现更高效的资源管理，还促进了陆海经济的深度融合，为产业链的优化与整合提供了技术保障。

海洋信息技术的核心优势之一是其数据处理和实时监

控能力。在过去，海洋资源的开发往往受到信息流动不畅、数据获取滞后的限制。如今，借助卫星遥感、海洋传感器和大数据分析，海洋产业能够实现对海洋环境、资源分布、气候变化等多维度数据的精准采集与处理。这些信息能够帮助企业和政府决策者更科学地规划海洋资源的开发，合理分配海洋空间，提升产业资源的利用效率。通过实时数据反馈，决策者可以及时调整产业布局，优化供应链管理，实现资源的最大化利用。

在推动陆海产业链整合方面，海洋信息技术同样发挥着重要作用。通过构建海洋产业的智能平台，可以实现陆地与海洋之间信息的无缝对接。传统的陆地产业与海洋产业在操作模式、管理机制、资源配置等方面存在一定的壁垒，而海洋信息技术的应用打破了这种隔阂。例如，海洋信息技术可以帮助物流行业整合海运和陆运资源，通过智能调度系统实现更加精细化的物流管理。这不仅降低了运输成本，还缩短了运输时间，提升了整个产业链的响应速度和市场竞争力。

此外，海洋信息技术还在促进产业转型升级中起到桥梁作用。随着海洋经济向绿色、可持续方向发展，如何平衡资源开发与环境保护成为重要课题。海洋信息技术能够实时监测海洋生态环境变化，提供精准的数据支持，为产业绿色转型提供科学依据。通过对海洋环境和产业发展状态的持续监控，企业和政府能够提前预见潜在的风险，采取有效的预防措施，确保产业链的长期稳定发展。

在海洋能源、渔业、旅游等产业领域，海洋信息技术的应用还能够促进产业之间的协同合作，推动资源共享与市场整合。通过智能化的海洋信息平台，各产业链上的各方可以实时获取所需的信息，提升合作效率，降低交易成本，形成更加高效的产业生态系统。

总的来说，海洋信息技术为陆海产业链的优化与整合提供了广阔的应用前景。从数据采集到智能决策，从资源优化到产业协同，海洋信息技术正以其强大的能力推动着海洋经济与陆地经济的深度融合，助力整个产业链的高效运作与可持续发展。

065 如何通过创新推动海洋渔业的可持续发展?

海洋渔业作为全球重要的食品供应源之一，面临着资源枯竭、环境恶化和过度捕捞等一系列挑战。要实现其可持续发展，创新是关键的驱动力。通过技术创新、管理创新和产业模式创新，海洋渔业不仅可以提升产值，还能确保海洋生态系统的健康和渔业资源的长远发展。

技术创新是推动海洋渔业可持续发展的核心。现代渔业技术的进步使得渔民可以更精准地捕捞，避免不必要的资源浪费。例如，通过高效的声呐技术和卫星定位系统，渔民能够快速找到鱼群位置，减少对海洋生态的干扰。与此同时，水产养殖技术的不断创新也为渔业可持续性提供了新的路径。通过循环水养殖系统、深海养殖等技术，可以减少养殖过程中的污染物排放，同时提高水产资源的产量与质量。这些技术创新不仅提高了渔业的生产效率，也降低了对自然环境的压力。

管理创新也是促进渔业可持续发展的重要手段。传统的渔业管理模式往往侧重于短期的资源开发，忽视了生态保护和长远的资源维护。近年来，许多国家和地区开始尝试实施更科学的渔业资源管理方法，例如通过设立海洋保护区，限制捕捞量，限定渔业捕捞季节等措施来保护渔业资源。此外，实行可追溯的渔业管理体系也是一项重要创新。通过建立健全的渔业产品追溯系统，消费者能够了解产品的来源，推动生态友好型的渔业消费，从而增强渔业企业的环保意识，促进其可持续发展。

产业模式的创新也为海洋渔业注入了新动能。与传统的捕捞式渔业不同，可持续的渔业产业模式更加强调生态平衡与资源再生。例如，一些渔业企业通过转型发展水产加工和深加工产业，提升产品附加值，同时减少对海洋资源的依赖。此外，结合绿色旅游、渔业文化等多种产业的融合发展，能够带动地方经济的同时，也为渔业提供了更广阔的发展空间。

海洋渔业的可持续发展离不开全社会的共同努力。从政府的政策支持，到行业协会的引导，再到消费者的环保意识，大家共同参与和推动创新，才能够实现渔业资源的长效保护和生态环境的持续改善。通过技术、管理和产业模式的创新，海洋渔业可以在满足全球需求的同时，也保护我们的海洋生态，确保这一重要行业的未来发展。

066 海洋能源产业如何与陆地能源产业实现协同创新？

海洋能源产业和陆地能源产业的协同创新，代表着未来能源发展的重要趋势。在全球能源转型的大背景下，如何通过跨领域的合作与技术整合，实现海洋与陆地能源的优势互补，是推动可持续发展的关键。

海洋能源产业，涵盖了风能、潮汐能、波浪能等多种形式，而陆地能源产业则以传统的石油、天然气、煤炭以及可再生能源为主。两者的协同创新，可以借助各自的技术优势和资源互补来共同推进能源革命。例如，海洋风能作为一种高效的清洁能源，能够在陆地能源开发面临环境压力和资源枯竭的背景下，提供额外的电力供应。这种海陆协同的能源布局，不仅能够优化能源结构，还能大大提高能源利用效率。

技术创新是两者协同的核心动力。在海洋能源开发方面，技术难度较大，尤其是深海资源的开采与利用。陆地能源产业积累了丰富的技术经验，特别是在能源储存、智能电网、能源管理系统等领域。因此，海洋能源的开发可以借助陆地能源产业在这些领域的成熟技术，优化海洋能源的利用方式。例如，海洋风电与陆上电网的结合，能够通过智能电网技术实现电力的高效传输与分配，克服海洋能源传输远距离和不稳定的挑战。

在管理和政策层面，两者的协同也能实现优势互补。随着全球能源转型的不断推进，各国政府和国际组织已经开始加强对海洋与陆地能源的统筹规划与政策引导。通过建立海洋与陆地能源协调发展的政策框架，可以确保资源的优化配置和开发的可持续性。例如，政府可以对海洋能源项目提供政策扶持，并与陆地能源项目的绿色发展政策相结合，推动两者的融合与共生。

此外，产业链的整合也是海陆能源协同创新的一个重要方面。通过构建跨行业的供应链体系，可以实现海洋与陆地能源资源的高效整合。在这个过程中，海洋与陆地能源企业的合作尤为重要。从海洋资源的开采、清洁能源的发电，到能源的传输、储存和消费，整个产业链的协同合作能够降低成本、提高效率，并进一步推动能源产业的绿色低碳转型。

总的来说，海洋能源产业与陆地能源产业的协同创新，不仅是能源产业结构优化的重要途径，也为全球能源的可持续发展提供了新的方向。通过技术、政策和产业链的深度融合，未来我们可以实现更加清洁、高效、绿色的能源供应体系，推动经济和环境的双重繁荣。

067　如何推动海洋经济绿色创新，促进陆海生态保护协调发展？

海洋经济的绿色创新是当今全球发展的热点话题，尤其在面对日益严峻的生态环境挑战时，如何实现海洋与陆地的生态保护协调发展，成为各国亟待解决的难题。推动海洋经济绿色创新，不仅有助于海洋资源的可持续利用，也能促进陆海生态保护的平衡与共生。

海洋经济的绿色创新，核心在于通过科技进步和绿色理念的融合，实现资源开发与环境保护的双赢。在能源领域，传统的海洋资源开发往往伴随着生态破坏和污染，而绿色创新的方向则是开发清洁能源，例如海洋风能、潮汐能和波浪能等。这些技术不仅可以减少对化石能源的依赖，还能避免传统能源开发对海洋生态系统的伤害，从而实现经济发展与生态保护的统一。

此外，海洋生态系统的修复与保护也应该融入海洋经济的绿色创新中。例如，在海洋渔业方面，传统的捕捞方式对海洋生态造成了严重压力，尤其是过度捕捞和破坏性捕捞。为了实现绿色创新，可以推动生态渔业的转型，引导渔民采用更加可持续的捕捞方法，甚至通过海洋养殖的方式，减少对自然资源的消耗。此外，加强海洋生物多样性的保护，实施海洋保护区的建设，也是推动绿色创新的有效路径。

对于陆海生态保护的协调发展，关键在于两者之间的良性互动。陆地和海洋生态系统是紧密相连的，陆地上的污染排放往往通过河流等水系进入海洋，对海洋生态造成巨大威胁。为了实现生态保护的协调发展，可以加强陆地生态修复与海洋生态保护的联动。例如，加强湿地、森林和草原等陆地生态系统的保护与恢复，减少土地开发对水源的污染，从源头上减少污染物进入海洋，从而保护海洋生态。

在政策方面，各国可以通过制定和完善相关法律法规，推动绿色创新和生态保护的协同发展。例如，可以通过提供政策激励，鼓励企业投资绿色技术和环保项目，同时加强对污染企业的监管和处罚力度，确保经济活动不会对生态造成长期损害。同时，政府还可以通过国际合作，借鉴先进经验，共享绿色技术，推动全球范围内的海洋生态保护与绿色发展。

总之，推动海洋经济的绿色创新，不仅需要科技创新和产业转型的支持，还需要政策保障和社会各界的共同努力。通过绿色创新，不仅可以实现海洋经济的可持续发展，还能够促进陆海生态保护的协调发展，为子孙后代留下一片蓝色的净土。

068　海洋旅游产业如何通过创新推动陆海协同发展，打造综合性旅游目的地？

海洋旅游产业近年来发展迅猛，成为促进经济增长、推动社会发展的重要力量。随着游客需求的多样化和旅游模式的创新，海洋旅游产业不仅要在资源开发上不断提升，更要注重与陆地经济的协同发展，打造集休闲、文化、生态、科技于一体的综合性旅游目的地。

推动海洋旅游产业与陆地经济的协同发展，关键在于创新与融合。在此过程中，海洋旅游不仅要注重海岛、海岸线的自然景观，还需要结合陆地上的文化、历史和特色资源，打造多维度的旅游体验。例如，沿海城市可以通过融合海洋文化与地方特色文化，推出“海洋+”的综合旅游产品，如海洋文化节、海洋历史遗址旅游等，使游客在享受海洋美景的同时，也能深入了解当地的历史与风土人情。

通过创新，海洋旅游产业还可以与生态保护、智慧旅游等新兴领域结合，实现绿色、可持续的发展。例如，开发生态旅游项目，游客可以在海洋保护区、湿地等自然环境中进行低影响的观光活动，从而为海洋生态保护注入活力。同时，智慧旅游技术的应用能够为游客提供更加便捷的服务和体验，像虚拟导游、实时天气预报、智能交通系统等，都能为旅游目的地提供更高效的管理与运营。

另一方面，海洋旅游产业的创新也需要依托于良好的基础设施建设。对于陆海协同发展的推动，基础设施的互联互通至关重要。例如，通过建立便捷的海陆交通网络，游客可以更轻松地从陆地进入海岛，或在海岸线与内陆城市之间进行流畅的转移。此外，优化旅游设施布局，使得海洋旅游景区与陆地景点无缝对接，也是提升综合性旅游目的地吸引力的一个关键因素。

同时，政策支持和产业协同也是不可忽视的因素。政府可以通过制定优惠政策，吸引更多的社会资本和企业参与海洋旅游的创新与建设，例如提供税收减免、资金扶持等，鼓励地方政府和企业将海洋与陆地旅游资源进行有机整合。此外，强化区域间的协同合作，推动沿海与内陆城市联合推广跨区域旅游，也是扩大海洋旅游市场、提升目的地吸引力的重要途径。

总之，海洋旅游产业要通过创新推动陆海协同发展，不仅要注重产品和服务的创新，还要从基础设施、政策支持、区域协作等多个层面综合发力。通过打造综合性旅游目的地，海洋旅游产业将能够为游客提供更加丰富、多样的体验，同时推动海洋与陆地经济的有机融合，创造更加繁荣的旅游市场。

069　如何利用科技提升海洋与陆地环境监测与预警系统的协同能力？

随着全球气候变化和人类活动对海洋与陆地环境的深刻影响，提升环境监测与预警系统的协同能力变得尤为重要。科技创新在这一过程中起到了关键作用，能够促进海洋与陆地监测系统的整合，提高环境监测的准确性、时效性和预警能力，从而更好地保护生态环境，保障公众安全。

科技手段的应用，尤其是大数据、人工智能和物联网技术的进步，为海洋与陆地环境的实时监测和预警提供了强有力的支撑。通过建立一个集成化的环境监测网络，可以实现海陆两界的无缝连接和数据共享。这些技术不仅可以实时收集海洋和陆地的环境数据，如气象变化、水质污染、空气质量等，还能对大量复杂的环境数据进行分析和处理，预测潜在的生态威胁和灾害风险。例如，借助遥感技术和卫星数据，监测者可以精确跟踪海洋表面和陆地环境的变化，及时发现污染源和异常情况，并通过数据模型进行趋势预测。

另一个重要的创新在于人工智能的应用，尤其是在数据处理和决策支持系统中。海洋与陆地环境的监测数据量巨大且高度复杂，传统的人工分析往往无法及时响应复杂的环境变化。而AI技术可以通过机器学习、深度学习等方式从海量数据中提取出关键信息，实现自动化的风险预测和预警。通过智能算法的支持，环境监测系统能够更加精准地识别灾害前兆，并及时发布预警，为相关部门提供决策支持。

同时，物联网技术的普及也在提升监测系统的协同能力方面起到了至关重要的作用。通过布设大量的传感器和监测设备，不仅可以全面采集海洋与陆地环境的实时数据，还能实现数据的实时传输和分析。这些传感器可以监测水温、盐度、气压、污染物浓度等多项环境指标，为预警系统提供丰富的数据支持。在此基础上形成的协同监测平台可以及时整合海洋和陆地的信息，做到灾害预警的全覆盖和跨区域响应。

跨部门的协作和信息共享同样是提升监测与预警系统协同能力的关键因素。通过建立统一的数据平台，政府、科研机构和企业等多方可以共享数据和资源，形成合力。这种多方协作不仅能够提升响应效率，还能确保各方对环境变化做出及时的反应。

总的来说，科技的力量为海洋与陆地环境监测与预警系统的协同提供了新的机遇。从大数据到人工智能，从遥感技术到物联网，创新的技术手段不断推动监测与预警能力的提升。通过这些先进的科技工具，我们可以更好地应对环境变化，保护生态系统，为未来可持续发展奠定坚实基础。

070 新兴技术如何促进海洋文化产业与陆地文化的有机结合?

新兴技术正在以前所未有的方式打破传统产业的界限，尤其是在海洋文化与陆地文化的融合上，展现了巨大的潜力。这些技术不仅为文化产业的创新发展提供了动力，还帮助海洋与陆地文化实现了跨越性的融合，创造出更加丰富和多样化的文化体验。

数字化技术是推动这一进程的核心力量。虚拟现实（VR）、增强现实（AR）以及全息影像等技术，让人们能够身临其境地感受海洋和陆地文化的独特魅力。比如，游客可以通过VR设备“穿越”到深海世界，体验海底遗址的奇妙，或者在海洋博物馆中与古代航海家互动。这样，不仅能够加深对海洋文化的理解，还能让陆地文化的表现更加立体和生动。与此同时，AR技术能够将海洋文化元素和陆地景观结合，让游客在游览海滨城市时，看到隐藏在城市背后的历史故事和文化底蕴。

另一个创新性技术是大数据与人工智能。通过对游客行为、兴趣以及消费数据的分析，文化产业能够精准了解观众的需求，进而创造出更符合他们喜好的文化产品。例如，基于AI的智能推荐系统可以帮助游客发现与海洋文化相关的艺术展览、音乐演出或电影放映，而这些内容往往与传统的文化产业形式有机结合，形成独特的跨界文化体验。这样，海洋文化与陆地文化不仅不再是割裂的两部分，还能通过数据驱动的方式找到完美的融合点。

数字化平台和社交媒体的普及也为海洋与陆地文化的互动提供了一个广阔的舞台。通过网络直播、短视频和在线平台，全球的观众可以随时随地欣赏到与海洋和陆地文化相关的内容，从传统的海洋歌谣到现代的海洋保护主题演讲，甚至是结合地方民俗的跨文化交流活动。社交媒体的互动性和传播性使得这些文化内容得以迅速传播，帮助不同地域、不同背景的文化碰撞和交融。

此外，区块链技术也开始在文化产业中得到应用，尤其是在数字艺术作品的认证和交易中。海洋文化艺术品的数字化，结合区块链的不可篡改性，可以确保作品的原创性和版权，从而为艺术创作者和文化产业提供新的商业模式。这不仅促进了海洋文化的数字化保存，也促进了海洋文化与陆地文化在新的技术框架下的互联互通。

总的来说，新兴技术为海洋文化与陆地文化的结合提供了前所未有的机遇。从虚拟现实到人工智能，从社交平台到区块链，科技的创新不仅让这两种文化的边界变得更加模糊，还为人们提供了更加多样化的文化体验。未来，随着这些技术的进一步发展，我们有理由相信，海洋文化与陆地文化的融合将会更加紧密，带来更多令人惊喜的创意和突破。

071 如何通过创新推动海洋产业应对气候变化，提升陆海生态系统的适应力？

面对气候变化带来的严峻挑战，海洋产业作为全球气候系统的重要组成部分，必须通过创新来提升其应对气候变化的能力，并增强陆海生态系统的适应力。气候变化不仅对海洋生态环境造成影响，也波及陆地生态系统。因此，如何在两者之间找到平衡点，推动绿色创新，成为当前的重要议题。

首先，海洋产业可以借助绿色科技和可再生能源技术，减少对环境的负面影响。比如，海洋风能和潮汐能的开发与应用，不仅为能源产业提供了绿色替代方案，也有助于减少温室气体排放。这些清洁能源项目可以成为海洋产业应对气候变化的重要组成部分，同时减少依赖传统化石能源对生态系统的压力。通过技术创新，海洋能源的利用效率得到了显著提升，为海洋产业的可持续发展奠定了基础。

再者，海洋产业的创新应当推动生态修复和生态保护的协同发展。气候变化已经导致海洋温度上升、酸化加剧，海洋生态系统的脆弱性增加。针对这些问题，海洋产业可以通过先进的生态修复技术，如人工珊瑚礁建设、海草恢复等，增强海洋生态系统的恢复力和适应力。这不仅有助于保护生物多样性，也为渔业等海洋产业提供了可持续发展的基础。此外，海洋和陆地生态系统的联结需要更多的跨界合作。通过加强陆海联动，利用自然资源互补，帮助两者在气候变化中共同应对挑战。

创新的政策和管理机制也在推动海洋产业适应气候变化方面发挥着至关重要的作用。国家和地区可以制定更加灵活的气候适应政策，支持海洋产业的转型和升级。这包括出台政策鼓励海洋科技创新，建立跨部门的气候适应基金，支持海洋产业向绿色、低碳方向发展。通过政策引导和激励，海洋产业能够更好地利用创新技术，提升其面对气候变化的韧性。

同时，数据监测与大数据技术的应用也为海洋产业应对气候变化提供了有力支持。通过实时监测海洋环境的变化，分析气候变化对海洋生态系统的影响，海洋产业可以根据数据进行科学决策，提前采取适应性措施。这不仅有助于提升海洋生态系统的适应能力，也能够为相关产业提供更准确的发展方向。

总的来说，通过技术创新、政策支持和跨领域合作，海洋产业可以有效应对气候变化，提高其生态系统的适应力。随着绿色科技和可持续发展理念的不断推进，我们有理由相信，海洋产业将在应对气候变化的过程中，发挥越来越重要的作用，帮助全球生态系统建立更加韧性和适应的机制。

072 海洋经济的自动化发展将如何促进陆海协同发展的新模式?

海洋经济的自动化发展为陆海协同发展开辟了崭新的路径。随着科技的不断进步，海洋产业正在逐步实现自动化，不仅提升了生产效率，还为海洋资源的开发和利用提供了更加智能化的解决方案。这种变化不仅改变了海洋产业的面貌，也为陆地与海洋的协同发展带来了更多机遇。

自动化技术的应用，尤其是在海洋资源开采、海洋运输和海洋环境监测等领域，显著提高了工作效率和安全性。例如，自动化无人船和无人潜水器的使用，不仅减少了人工操作的风险，还能更高效地进行海洋资源的勘探和运输。这些技术的创新使得海洋产业能够更精确地进行资源配置，同时降低了对生态环境的负面影响。

在陆海协同发展的新模式下，自动化技术有助于打破传统的产业界限，实现资源的最优配置。海洋和陆地之间的经济活动越来越紧密，自动化系统使得两者之间的数据交换和信息共享变得更加便捷。以智能化运输为例，自动化船舶与陆地物流系统的结合，可以实现海上与陆地运输的无缝对接，进一步提升产业链的效率。这不仅推动了海洋产业的现代化，也为陆地经济发展提供了新的增长点。

自动化技术还推动了海洋环境保护与经济开发的双赢。传统的海洋资源开采常常伴随着环境污染和生态破坏，而自动化技术的应用则可以减少人工操作失误，提高资源利用的精准性。例如，自动化海洋垃圾清理和海洋污染监测系统能够实时监控和处理污染问题，为海洋生态保护提供更有效的支持。这种技术的推广，将促进海洋经济和生态保护之间的协调发展。

更重要的是，自动化技术还为产业升级提供了可能。在未来，海洋经济的自动化将不再仅仅是技术层面的革新，而是整个产业结构的重塑。通过智能化设备和数据驱动的决策模式，海洋产业将逐步向高附加值、高效能的方向发展。而这一转型过程，也将反过来推动陆地经济的升级，特别是在产业协同、资源共享和科技创新方面产生深远影响。

总之，海洋经济的自动化发展为陆海协同发展提供了崭新的机遇，突破了传统产业发展的瓶颈。通过智能化、数字化的手段，海洋与陆地的经济活动将更加紧密地结合，推动资源的高效利用与绿色发展。这种新模式的形成，不仅能提升产业竞争力，也能在更大范围内促进可持续发展，为未来的经济增长奠定坚实的基础。

073　如何通过创新技术提升海洋生态修复与陆地生态恢复的协同效果?

海洋生态修复与陆地生态恢复的协同效果对于实现可持续发展至关重要。随着科技的不断进步，创新技术为两者的协调发展提供了全新的可能性。通过智能化、数字化以及跨学科的创新手段，我们可以更有效地整合海洋与陆地生态系统，提升修复与恢复的效率和效果。

现代技术，尤其是遥感技术、无人机监测、人工智能和基因工程等手段，为海洋与陆地生态修复提供了强大的支持。遥感技术能够对海洋和陆地的生态状况进行全方位监测，帮助科学家及时发现生态系统中的潜在问题。在海洋生态修复领域，科学家可以通过遥感图像精确分析珊瑚礁、海草床以及海洋生物的健康状况，从而制定更加有针对性的恢复措施。而这种技术的应用，也同样适用于陆地生态修复，尤其是在森林、湿地等生态系统的恢复过程中，遥感技术能够实时提供大量的数据支持，为决策提供科学依据。

除了遥感技术，人工智能和大数据也为生态修复提供了全新的方法。AI算法可以根据大量的生态数据进行预测与分析，帮助评估不同修复方案的效果。例如，针对海洋生态系统的恢复，AI可以通过对海洋生物多样性、污染物扩散等数据的分析，找到最佳的修复路径。同样，在陆地生态恢复中，AI可以通过对土地利用、植被覆盖等多方面数据的分析，帮助预测哪些区域最需要修复，以及哪些方法最为有效。

基因工程技术也在推动生态修复方面发挥着日益重要的作用。通过基因修复或基因编辑技术，科学家可以增强一些物种的适应性，帮助其在变化的环境中存活与繁衍。例如，通过基因工程技术，研究人员可以让某些珊瑚能够更好地适应水温变化，减缓全球变暖带来的负面影响。同样，基因修复在森林和湿地生态恢复中的应用，也有助于恢复一些濒危物种，提升生态系统的多样性和稳定性。

创新技术的融合不仅仅体现在单一领域的突破，还体现在跨学科的协同作用。海洋和陆地生态系统在许多方面是相互依赖、相互影响的。例如，河流流入海洋带来的污染物，或者海洋物种的栖息地变化，都直接影响陆地生态环境。通过跨领域的技术创新，我们能够更好地整合海洋和陆地的生态修复与恢复工作，从而实现更高效的协同效应。

总之，创新技术为海洋与陆地生态修复的协同提供了强大的支撑。通过遥感、大数据、人工智能和基因工程等手段，我们可以更精准、更高效地恢复生态系统，解决环境问题，并促进两者之间的和谐发展。随着技术的不断进步，未来的生态修复将不仅限于局部修复，而是实现整体生态系统的可持续、协同发展。

074　深海探测技术如何推动海洋经济与陆地资源开发的协同发展？

深海探测技术的发展为海洋经济与陆地资源的协同开发开辟了新的路径。随着科技的不断进步，深海探测不仅能够揭示海洋资源的丰富性，还能够为陆地资源的开发提供重要参考。这一技术的创新和应用，推动了海洋经济与陆地经济的互动与融合，实现了资源的科学规划与可持续开发。

深海探测技术通过高精度的海洋调查和实时数据采集，

揭示了深海区域丰富的矿产资源、能源以及生物资源。这些资源的开发潜力巨大，但由于海洋环境复杂，过去的技术难以深入海底进行全面勘探。如今，借助深海探测技术，尤其是遥感技术、海底机器人、无人潜水器等工具，科研人员能够在更深的水域内进行高效探测。这些技术使我们能够更精准地定位海洋资源的位置、分布及其可开发性，为海洋经济的可持续发展提供坚实的基础。

与此同步，深海探测技术的应用为陆地资源的开发提供了新的视角。通过对深海环境和资源的全面了解，科研人员可以有效预见海洋资源对陆地经济的潜在影响。例如，海洋资源的开发与陆地矿产资源的关系密切，深海探测可以帮助预测陆海资源开发，从而更科学地规划陆地资源的利用，减少开发过程中可能出现的生态风险。

此外，深海探测技术还能够为能源领域的协同发展提供支持。深海能源，特别是海洋油气资源、海底热液资源以及可再生的海洋能源，正在逐步成为全球能源开发的新亮点。通过深海探测，我们能够更好地了解这些资源的分布特点和开发难度，为能源领域的跨区域合作创造机会。与此同时，海洋能源与陆地能源之间的联动效应也得到了加强，为综合能源利用、能源安全以及绿色低碳发展提供了新思路。

深海探测技术的发展还促进了环境监测与生态保护的协同工作。通过实时监测海洋环境的变化，深海探测能够及时发现可能影响陆地环境的海洋污染或生态变化。随着海洋与陆地生态系统的相互关联日益紧密，深海探测技术不仅能保障资源开发的可持续性，还能为防范跨区域生态风险提供科学依据，推动区域内外的生态保护合作。

总的来说，深海探测技术的突破为海洋经济与陆地资源开发的协同发展提供了强有力的支持。通过科技的创新与融合，海洋资源的高效勘探、科学开发，以及与陆地资源的有机结合，正在开创出一个互利共赢的未来。这种协同发展不仅促进了资源的可持续利用，还推动了经济、环境和社会的全面进步。

第七章

海洋经济与可持续发展

075　什么是海洋可持续发展？

海洋可持续发展是指在确保海洋资源的长期健康与活力的同时，满足当前社会经济需求的一种发展模式。这一概念不仅关注海洋资源的合理利用，还强调保护海洋生态环境，以便为未来世代留下足够的资源和清洁的海洋环境。然而，随着人类活动对海洋环境影响的加剧，如何在发展中保持海洋生态的平衡，成了全球面临的巨大挑战。

海洋可持续发展的核心理念，是以“绿色发展”和“生态平衡”为指导，倡导科学合理地利用海洋资源，避免过度开发和资源浪费。比如，在渔业资源的开发上，采取的是可控捕捞量，避免过度捕捞导致渔业资源枯竭；在海洋能源开发方面，力求采用清洁能源技术，减少对海洋环境的污染与破坏。

此外，海洋可持续发展还包括生态保护。人类活动，特别是工业污染、过度开发以及气候变化，已对海洋生态系统造成了不同程度的破坏，如珊瑚礁白化、海洋酸化等现象。因此，海洋可持续发展的目标之一，就是加强生态保护，恢复和维持海洋生物多样性。通过建立海洋保护区、实施生态修复以及减少污染物排放等手段，促进海洋生态环境的恢复和改善。

海洋可持续发展的另一个重要方面，是确保海洋资源能够长期为人类社会所用。这不仅仅是保护现有资源，更是促进技术创新，开发可持续的海洋资源利用模式。例如，随着技术的发展，海洋可再生能源（如潮汐能、波浪能、风能等）已经逐步投入使用，这些清洁能源的开发不仅减少了对传统能源的依赖，也有助于减缓气候变化对海洋的负面影响。

在全球化的背景下，海洋可持续发展还要求国际社会的共同努力。海洋是全球共有的资源，各国应加强合作，共同应对海洋污染、资源枯竭等问题。通过加强国际合作与共享信息、技术，各国可以共同制定海洋资源管理政策，协调各方利益，实现海洋资源的共享与共治。

总之，海洋可持续发展不仅是对资源的合理利用，它更是对地球生态系统的全面呵护。人类只有在保障海洋生态健康的前提下，才能实现经济发展与环境保护的双赢，为未来的海洋资源利用和生态保护打下坚实基础。

076　海洋经济如何与绿色经济对接？

海洋经济与绿色经济的对接，实际上是推动可持续发展的关键环节。随着全球环境问题日益严峻，绿色经济已成为经济发展的新趋势，而海洋经济作为全球经济的重要组成部分，其可持续发展也越来越受到关注。如何让海洋经济与绿色经济相结合，不仅是时代的需求，也是保障海洋资源和生态环境健康的必然选择。

海洋经济与绿色经济的对接，首先需要从资源利用方式入手。传统的海洋资源开发往往以高强度的开采为主，导致了海洋生态系统遭受破坏，比如过度捕鱼、污染排放等。而绿色经济的核心理念是以低碳、环保、可持续为导向，在这一背景下，海洋经济的发展应逐步转向绿色、低碳的方向。这意味着，海洋资源的开发必须更加注重环境影响的评估，避免资源的过度开采，而要实现资源的可再生利用。例如，利用清洁能源技术开发海上风电、潮汐能等，既能为能源需求提供解决方案，又能降低对环境的负面影响。

其次，海洋经济与绿色经济的结合，要求提高海洋产业的环境责任意识。对于渔业来说，传统的过度捕捞已经带来了严重的生态问题。绿色经济提倡循环利用和生态保护，渔业应转向可持续捕捞和水产养殖，通过科技创新提高资源利用率，减少对海洋生态的破坏。此外，海洋旅游业也应采取绿色发展策略，通过生态旅游、环保设施建设等方式，推动旅游业与环境的和谐共生。

再次，海洋生态保护与绿色经济紧密相连。绿色经济强调生态修复与资源保护，而海洋生态系统的保护是海洋经济可持续发展的基础。为了实现这一目标，需要建立更加科学的海洋生态保护体系，强化海洋保护区的建设，减少污染源的排放，并采取有效措施恢复被破坏的生态系统。这样，不仅能够保障海洋生态的健康，也能为海洋经济提供长期发展的基础。

最后，政府政策和企业行动的协调同样至关重要。政府应出台有力的政策，支持绿色海洋经济的发展，推动绿色技术的应用，提供政策激励与资金支持。同时，企业应主动承担社会责任，投资绿色技术，采取环保措施，推动产业转型。通过政策引导和市场驱动的双重作用，海洋经济与绿色经济的结合将更具活力和前景。

由此可见，海洋经济与绿色经济的对接是时代发展的必然要求。通过合理的资源利用、加强环境保护、推动产业升级和政策支持，海洋经济可以实现绿色转型，为可持续发展提供有力支撑。

077　海洋可再生能源如何推动绿色发展?

海洋可再生能源作为绿色发展的重要推动力，正逐步展现出其独特的潜力。随着全球对能源需求的不断增加以及对环保要求的日益严苛，传统能源的使用已显得不可持续。相比之下，海洋可再生能源，凭借其巨大的资源储备和清洁环保的特性，成为实现绿色发展的关键因素之一。

海洋可再生能源主要包括海上风电、潮汐能、波浪能以及海洋温差能等，这些能源的开发不仅能够为全球能源结构转型提供新动力，还能有效减少温室气体排放，缓解气候变化问题。例如，海上风电因其能量密度大、发电效率高，已成为世界范围内发展最快的可再生能源之一。与陆地风电相比，海上风电项目受地理限制较少，具备更大的发展空间，尤其是在风力资源丰富的海洋区域。

除了风能，潮汐能和波浪能也有着广阔的应用前景。潮汐能是由海水的涨落引起的能量流动，利用这一规律，潮汐发电可以稳定输出电力，具有很高的可预测性。波浪能则是通过海浪的上下运动转化为电能，这种能量在沿海地区尤其丰富，对低碳、环保的电力供应起到至关重要的作用。

海洋可再生能源的广泛应用有助于推动能源结构的绿色转型。与传统的煤炭、石油等化石能源不同，海洋可再生能源不仅清洁高效，还能在不产生二氧化碳等污染物的情况下提供稳定的电力支持。这为应对全球气候变化，减少温室气体排放提供了有力的解决方案。

此外，海洋可再生能源的开发还有助于促进地区经济的可持续发展。许多沿海国家和地区，特别是那些资源匮乏或能源结构偏重化石燃料的地方，海洋能源能够提供新的经济增长点。建设海上风电场或潮汐能发电设施，能够创造大量的就业机会，带动相关产业的兴起，推动区域经济的绿色发展。

然而，要实现海洋可再生能源的广泛应用，还需要解决一些技术和经济上的挑战。例如，海洋环境条件复杂，建设和维护成本较高，如何降低这些成本，提升技术成熟度，是当前亟待解决的问题。此外，相关政策的支持、投资的引导和国际合作也将是推动海洋可再生能源发展的重要因素。

总体而言，海洋可再生能源凭借其清洁、可持续和高效的特点，正在成为绿色发展的重要支柱。随着技术的不断进步和政策的逐步落实，海洋能源必将在全球能源转型和绿色发展中发挥越来越重要的作用。

078　如何推动海洋产业的循环经济发展？

推动海洋产业的循环经济发展，是实现可持续发展的重要路径。海洋资源丰富，涵盖了渔业、能源、旅游等多个行业，但在这些资源的开发和利用过程中，也面临着环境污染、资源浪费等一系列问题。因此，推动海洋产业的循环经济，既有助于资源的高效利用，也能减少生态压力，推动经济与环境的和谐共生。

循环经济的核心理念是“减量、再利用、再生”，在海洋产业中，这一原则同样适用。例如，在海洋渔业方面，除了减少过度捕捞，提升渔业资源的可持续管理，还可以通过渔业废弃物的再利用来减少环境负担。渔民们可将捕捞过程中产生的副产品，如废弃的渔网、鱼骨等，转化为有价值的产品，比如鱼饲料、天然肥料或是用作生物可降解材料。这不仅减少了废弃物的处理成本，也为渔业产业带来了附加价值。

海洋能源产业也可以通过循环经济模式促进绿色发展。比如，海上风电设施的建设和维护会产生大量的废弃物，包括风机的叶片、电池组件等。传统的处理方式是将这些废弃物送往填埋场或进行燃烧处理，但通过发展再生技术，可以将这些废弃物转化为有用的资源，例如回收风机叶片的材料用于制造其他产品，或者利用废弃的电池组做再生能源存储，这样不仅减轻了环境负担，还提高了资源利用率。

此外，海洋旅游业也可以融入循环经济的理念。海滩清洁和生态保护是旅游产业中的重要组成部分。通过推动绿色旅游，利用环保技术减少资源消耗，降低碳排放，提升游客的环保意识，形成良性的生态循环。例如，推动生态旅游项目的开发，让游客在享受自然美景的同时，也参与到海洋环境保护中，形成可持续的旅游模式。

最重要的是，推动海洋产业的循环经济发展需要政策和技术的支持。政府可以通过制定相关法规，推动资源的合理配置和利用，提供技术创新的支持，鼓励海洋产业企业参与循环经济的实践。同时，政府还应加强与科研机构的合作，推进绿色技术的研发，推动资源的高效回收和再利用，助力海洋产业的绿色转型。

总的来说，海洋产业的循环经济发展是一个系统工程，涉及多个行业和领域的协调配合。通过技术创新、政策引导和市场激励，可以推动资源的高效利用，减少对环境的负面影响，实现海洋产业的可持续发展，最终为生态环境和经济发展创造双赢局面。

079　海洋产业中的碳排放问题如何解决？

海洋产业在全球经济中占有重要地位，从渔业到海洋能源，再到海洋运输和旅游业，许多领域都涉及大量的碳排放问题。随着气候变化成为全球性挑战，如何减少这些产业的碳排放，推动绿色转型，已经成为迫切需要解决的课题。

在海洋产业中，碳排放的主要来源包括燃油消耗、船舶航行、渔业设备使用、海洋能源开发等。尤其是航运行业，长期以来被视为碳排放大户。每年，全球约80%的货物通过海运运输，而大多数船舶使用的还是高污染的重油。要解决这一问题，首先需要加速推动清洁能源的应用。比如，开发和使用风能、太阳能等可再生能源，或者在船舶上安装更高效的动力系统，减少对化石燃料的依赖，降低二氧化碳排放。

海洋渔业的碳排放也不容忽视。传统的捕捞和养殖方法往往消耗大量能源。渔业行业可以通过优化捕捞技术、减少不必要的能源浪费、改进养殖方式来降低碳足迹。例如，使用更高效的冷藏技术、推广智能渔船、采用低碳渔网等方式，都是减少碳排放的有效措施。

海洋能源开发，特别是海上风电，也面临碳排放问题。虽然海上风电在运营过程中几乎不产生二氧化碳，但建设和维护阶段的碳排放却较为显著。为了减少这一影响，风电设施的建设应当注重采用环保材料，并力求缩短建设周期。此外，海洋风电的运维阶段，也应通过数字化手段优化风机调度，减少能源消耗，提高设备使用效率。

除了技术和产业本身的转型，政策层面的支持也至关重要。政府可以出台更加严格的碳排放标准，对高碳排放的海洋产业进行监管，并激励低碳技术的研发与应用。此外，政府应推动碳交易市场的发展，通过市场机制鼓励企业减少碳排放。国际合作也是关键，海洋是全球共有的资源，跨国合作对于减少碳排放、推动绿色发展具有重要意义。

最后，公众的参与和意识提升同样不可忽视。消费者对绿色产品和服务的需求越来越高，推动产业转型的力量也在不断增强。企业需要认识到，环保不仅是社会责任，更是一项长期的竞争优势。随着环保意识的不断深化，减少碳排放将成为海洋产业未来发展的必然趋势。

总之，要有效解决海洋产业中的碳排放问题，需要多方面的努力，包括技术创新、政策引导、国际合作和公众参与。通过这些措施的综合实施，海洋产业可以在推动经济发展的同时，更加绿色环保，为实现全球气候目标贡献力量。

080 海洋经济如何促进低碳经济发展?

海洋经济在全球经济中占据着越来越重要的地位，同时也面临着日益严峻的环境压力。随着全球气候变化问题的加剧，如何在促进海洋经济发展的同时，推动低碳经济的转型，已成为各国政府和企业关注的重点。海洋经济有着天然的优势，它不仅可以为低碳经济提供新的增长点，还能通过优化产业结构，推动能源结构的绿色转型。

海洋经济与低碳经济的结合，首先体现在能源开发领域。海洋作为可再生能源的重要来源，拥有巨大的发展潜力。海上风电、潮汐能、波浪能等海洋能源，不仅可以提供稳定的清洁能源，还能够减少对传统化石能源的依赖。这些绿色能源的开发，不仅为海洋经济注入了新的动力，还为全球低碳经济的转型提供了强有力的支持。

与此同时，海洋运输业作为全球贸易的重要组成部分，也面临着减排的压力。近年来，随着技术的不断进步，越来越多的绿色航运技术应运而生。例如，采用液化天然气（LNG）作为燃料的船舶，比传统的重油船舶排放的二氧化碳要少得多。此外，发展风帆辅助动力、减少船舶的空载率、优化航运路线等措施，均有助于降低海洋运输的碳足迹。

在渔业方面，推动可持续渔业发展同样是低碳经济的一部分。通过提高渔业资源的利用效率，避免过度捕捞和资源浪费，不仅可以保护海洋生态环境，还能减少碳排放。例如，发展绿色渔业技术和智能化管理，能够大幅度降低能耗并减少渔业活动对环境的负面影响。

此外，海洋旅游业也可以通过低碳创新促进海洋经济的绿色转型。生态旅游、绿色酒店、低碳交通等创新举措，能够让旅游业在促进经济发展的同时，尽可能地减少碳排放，推动生态环境的保护。尤其是在沿海地区，发展低碳旅游业已成为吸引游客的一个亮点，不仅提高了地区经济收益，也提升了公众环保意识。

由此可见，海洋经济通过推动清洁能源的开发、绿色航运技术的应用、可持续渔业的推进以及低碳旅游的创新，不仅能够促进经济增长，还能为全球低碳经济的建设贡献力量。通过这些绿色发展路径，海洋经济可以成为实现环境保护与经济繁荣双赢的重要引擎。

081 如何平衡经济发展与环境保护之间的矛盾？

在现代社会，经济发展与环境保护之间的矛盾愈发突出。传统的经济增长往往以牺牲环境为代价，造成了资源的过度开发和生态系统的严重破坏。然而，随着可持续发展理念的普及，如何在推动经济发展的同时保护环境，成为全球面临的重要课题。

要平衡这两者，关键在于转变发展方式，寻找一条既能实现经济繁荣，又不危害环境的路径。首先，绿色技术和创新是解决这一矛盾的重要途径。科技进步使得我们能够通过更高效的能源利用、更环保的生产工艺，减少资源消耗和污染排放。比如，清洁能源的推广应用，能够在不依赖传统化石能源的情况下，推动工业和交通领域的转型。智能制造和数字化技术的应用，不仅提高了生产效率，还能通过精准的数据分析，降低资源浪费，实现低碳生产。

同时，政府在这个过程中也扮演着至关重要的角色。政策引导和法规建设可以有效推动企业和社会向绿色发展转型。例如，制定严格的环境保护法规，要求企业实行环保标准；提供财政补贴或税收优惠，鼓励绿色投资和环保技术的研发；通过碳排放交易等市场机制，推动企业减少污染物排放。这些措施有助于在经济发展过程中，避免过度开发和资源的无序消耗。

此外，企业的责任也日益加重。企业不应仅要追求利润，还要承担起社会责任，推动环境友好的生产模式。通过绿色供应链管理、清洁生产技术和环境友好的产品创新，企业可以在实现经济增长的同时，减轻对环境的负担。越来越多的企业已经意识到，环境保护不仅是一项社会责任，更是一种长远的经济利益。例如，生产可持续产品和采取低碳生产工艺，不仅能减少资源消耗，还能在市场上树立良好的品牌形象，赢得消费者的信任和支持。

最后，公众的环保意识和参与也是平衡经济发展与环境保护的重要因素。在日常生活中，减少能源消耗、选择绿色出行方式、参与垃圾分类等行动，都能在一定程度上减轻环境负担。公众的环保意识一旦得到提升，整个社会就能形成合力，共同推动可持续发展。

总之，经济发展与环境保护并非不可兼得。通过科技创新、政策引导、企业承担责任和公众参与的多方面合作，我们可以实现二者的和谐共生，走出一条可持续发展的新路。

082 如何通过海洋经济实现社会高效和环境高效的双赢？

海洋经济作为全球经济中的重要组成部分，蕴含着巨大的发展潜力。然而，如何通过海洋经济实现社会高效与环境高效的双赢，成为摆在我们面前的挑战。实现这一目标，关键在于创新发展模式，推动绿色和可持续经济发展。

要实现社会高效和环境高效的双赢，首先需要改变传统的海洋资源开发方式。过去，海洋资源往往单纯地被当作开发的对象，忽视了开发行为对生态环境的影响。为了实现双赢，我们需要以可持续发展为核心，推动海洋经济的绿色转型。比如，海洋渔业不再采用传统的捕捞模式，而应推动智能渔业、可持续捕捞等绿色发展方式，从而既能提高渔业产值，又能避免资源过度开发。海洋新能源，如潮汐能、风能等的利用，也应以环保为前提，在开发过程中最大限度减少对海洋生态的影响。

同时，社会高效的目标要求我们在推动经济增长的同时，创造更多的社会福利。海洋经济不仅要创造物质财富，更要促进社会公平与民生改善。比如，海洋旅游产业的健康发展，不仅能带动沿海地区的经济增长，还能为当地居民提供就业机会，提升社会福利。而这种旅游业的发展，要在保护自然景观和海洋资源的基础上进行，避免过度开发带来负面影响。

创新和技术的应用是实现双赢的核心。海洋经济的转型依赖于科技的不断进步，尤其是在海洋资源的高效利用与环境保护的技术方面。通过大数据、人工智能、物联网等技术，可以实现对海洋资源的精准管理与保护，提升海洋资源的利用效率，降低资源浪费。例如，通过精准的海洋环境监测技术，能够实时监控海洋污染、渔业资源的变化，及时采取应对措施，从而减少人为活动对环境的破坏。

政策与制度的完善也至关重要。政府应通过制定严格的环保法规和激励措施，引导企业和社会各界在海洋经济发展中更加注重环境保护和资源节约。海洋环境保护的法律框架应该更加严密，确保在资源开发的同时，不对生态环境造成难以修复的损害。

总的来说，实现海洋经济的社会高效与环境高效双赢，需要政府、企业、科研机构及公众的共同努力。通过创新的技术手段、绿色的发展方式和有效的政策引导，我们不仅能够推动海洋经济的可持续发展，还能为社会创造更多福祉，保护海洋生态环境，最终实现人类与自然的和谐共生。

083 海洋资源的可持续利用如何与社会发展相协调?

海洋资源作为地球重要的自然财富，其可持续利用不仅关乎生态环境的保护，也直接影响着社会的经济发展和民生改善。然而，如何在推动社会发展的同时保持海洋资源的可持续利用，是我们面临的一项重大课题。

在海洋资源的开发利用与可持续发展过程中，最关键的是找到平衡点。过去，海洋资源常常被视作可以无限开发的财富，导致了过度捕捞、海洋污染等一系列问题。为了协调海洋资源的可持续利用与社会发展，我们需要从根本上转变发展理念，将可持续性融入海洋资源的开发与管理中。这意味着，资源的利用必须建立在对生态环境长期影响的深入评估基础上，而不仅仅关注短期的经济利益。

对海洋资源的可持续利用，意味着我们要采用更加科学、绿色的发展模式。例如，在渔业方面，推动可持续捕捞和海洋生态修复技术，避免过度捕捞导致鱼类资源枯竭，从而保障渔业的长期发展与生物多样性。而在海洋能源方面，随着风能、潮汐能等可再生能源的兴起，我们能够减少对化石能源的依赖，同时保障能源供给的持续性与环境的保护。

为了让海洋资源的可持续利用与社会发展更加协调，我们还需要注重技术创新与产业升级。借助科技的力量，如大数据、人工智能、无人机等技术，更好地监控海洋生态环境，及时发现并解决环境问题。此外，科技还可以提升资源利用效率，减少浪费，推动绿色能源和绿色产业的快速发展。通过智能化、数字化的海洋管理方式，我们能够在保护海洋环境的同时，推动经济的高效发展。

与此同时，社会发展需要我们更广泛地参与其中。政府应当加强环保政策与法规的制定，确保海洋资源开发的可持续性；企业则应履行社会责任，践行绿色发展理念，推动行业内的创新与转型。而公众的环保意识提升也是不可忽视的，只有全社会形成共同参与的氛围，才能真正实现海洋资源的可持续利用。

总的来说，海洋资源的可持续利用与社会发展是相辅相成的。通过合理规划与科学管理，利用创新技术与政策引导，我们不仅能够保障海洋资源的长期供应，还能促进经济的绿色发展，为社会创造更大的价值。最重要的是，这种协调发展将为后代留下一个健康的海洋生态系统，保证社会发展与自然和谐共生。

084 如何确保海洋经济发展不以牺牲生态为代价？

海洋经济的快速发展为全球经济带来了巨大的动力，但与此同时，我们也面临着如何确保这一发展不以牺牲生态环境为代价的挑战。海洋作为地球上最广阔的生态系统之一，其健康与可持续性对于全球气候、物种多样性以及人类福祉至关重要。因此，我们必须找到一种平衡，既能促进海洋经济的增长，又能保护其脆弱的生态系统。

要做到这一点，最核心的理念是将“绿色发展”贯穿于海洋经济的各个方面。许多传统的海洋产业，如渔业捕捞、石油开采等，曾经在无视生态代价的情况下迅速推动经济增长。但这种做法是不可持续的，既会导致生态系统崩溃，从长远来看会影响经济的稳定。因此，发展海洋经济必须遵循可持续发展的原则，避免过度开采和环境污染。加强生态环境的修复与保护，提升生态价值，才能确保经济发展与生态保护不再对立。

科技创新是实现这一目标的重要手段。通过先进的科技手段，我们可以更好地监测海洋生态的健康状况，预测环境变化的趋势，并采取及时的干预措施。例如，利用大数据、人工智能等技术对海洋资源进行科学管理，优化捕捞计划和海洋能源的开采方式，从源头上减少对环境的冲击。同时，新能源技术的创新，如海上风电、潮汐能、波浪能等，也为我们提供了替代传统化石能源的新选择，有助于减少海洋环境的负担。

政策和法律的完善也至关重要。政府应制定并严格执行环保法规，确保各类海洋经济活动符合环保标准，并采取有效的惩戒措施，杜绝不负责任的开发行为。此外，国际合作也不可忽视，海洋是全球共享的资源，只有各国携手合作，才能有效解决海洋环境问题。

社会各界的共同参与也是不可或缺的一部分。公众的环保意识和企业的社会责任感逐渐成为推动绿色发展的重要力量。通过普及海洋保护知识，鼓励公众减少塑料使用、减少污染排放，能够从源头减轻海洋生态的负担。同时，企业应主动承担环境保护责任，推动绿色生产方式，采取更加环保的生产流程。

总之，海洋经济的发展不应以牺牲生态为代价，而应通过科技、政策、法律和社会共同努力，找到一条可持续发展的道路。这不仅能够保护海洋生态的多样性，也为经济的长期健康发展提供了保障，最终实现人与自然和谐共生的目标。

085 什么是“蓝碳”？

“蓝碳”是指海洋及其相关生态系统（如海草床、红树林、盐沼等）吸收、储存并长期固定碳的能力。与陆地生态系统中的“绿碳”相对，蓝碳的概念强调了海洋生态系统在全球碳循环中的重要作用。近年来，随着全球气候变化问题的日益严重，蓝碳作为一种独特的碳汇，吸引了广泛关注。

海洋生态系统通过不同的自然过程，能够有效地吸收和储存二氧化碳。比如，红树林、海草床和盐沼等生态系统，拥有比陆地森林更高的碳储存能力。这些生态系统的植物通过光合作用吸收二氧化碳，并将其转化为有机物质，这些物质最终会沉积在海底。特别是在潮间带地区，由于水深较浅，海洋植物能够更高效地固定和储存碳，因此，这些区域被认为是“蓝碳”生态系统的核心区域。

蓝碳的作用不仅限于碳吸存，它还为生物多样性提供了重要栖息地，调节了水质，保护了沿海区域免受风暴和海水侵蚀等自然灾害。然而，随着人类活动的加剧，尤其是沿海地区的开发、污染以及气候变化的影响，许多重要的蓝碳生态系统正在遭到破坏。这不仅威胁到海洋生态的健康，也削弱了其作为碳汇的功能，甚至可能导致大量储存的碳释放到大气中，加剧气候变化。

保护和恢复这些蓝碳生态系统，已成为全球应对气候变化的一项重要策略。通过科学的保护措施、生态恢复和可持续的资源管理，可以增强蓝碳的储存能力，从而减少大气中的二氧化碳浓度，减缓气候变化的进程。此外，蓝碳生态系统的保护不仅有助于减缓气候变化，还能带来更多的生态效益，如增强沿海社区的抵御力和提升生物多样性。

因此，蓝碳的概念不仅是一个环境保护的议题，也直接与全球气候变化和可持续发展相关。通过加强对蓝碳生态系统的保护和修复，我们能够为应对全球气候变化提供新的解决方案，同时也为未来的可持续发展奠定基础。

086 如何推动“蓝碳”发展？

推动“蓝碳”发展是应对气候变化和保护海洋生态系统的关键举措。随着全球变暖和碳排放问题日益严峻，海洋和湿地生态系统展现出巨大的碳储存潜力。通过加强对这些生态系统的保护与恢复，我们可以在减少温室气体排放的同时，促进生态健康和生物多样性的保护。然而，实现“蓝碳”发展并非一蹴而就，它需要政策、技术、公众意识等多方面的共同推动。

首先，保护与恢复是推动“蓝碳”发展的基础。许多关键的蓝碳生态系统，如红树林、海草床和盐沼等，在过去几十年中遭到严重破坏。非法开垦、城市扩张、污染和气候变化等因素对这些生态系统构成了巨大的威胁。因此，采取有效的保护措施，限制对这些生态系统的开发和破坏，显得尤为重要。同时，政府和环保组织应加大力度，恢复那些已被破坏的蓝碳生态系统，特别是通过植被恢复、湿地修复等手段，帮助这些区域恢复其原有的碳汇功能。

其次，科学研究和技术创新在推动“蓝碳”发展中扮演着重要角色。我们需要更多关于蓝碳生态系统的科学研究，特别是它们在不同环境条件下的碳储存能力和碳释放机制。通过高科技手段，如遥感技术和卫星监测，可以更准确地评估蓝碳生态系统的状况和碳储量，为政策制定提供数据支持。此外，创新的生态修复技术，如人工湿地建设和海草床种植，也能有效提高蓝碳的储存能力。

除了技术和研究，政策制定和国际合作同样至关重要。政府应通过立法和政策，鼓励蓝碳生态系统的保护与恢复。例如，设立保护区、引入碳信用机制等，可以激励企业和地方政府积极参与蓝碳生态系统的管理。同时，国际合作至关重要，特别是在跨国海洋保护区的建设和全球碳市场的整合方面，合作能够促进信息共享、资金支持和经验交流，共同推动全球蓝碳发展。

最后，提升公众意识也是推动蓝碳发展的关键。人们往往对海洋和湿地生态系统的重要性缺乏足够的认识。通过教育和宣传，增强公众对蓝碳生态系统的了解，可以促使更多人关注海洋保护，并支持相关的环保政策和行动。海洋保护志愿者活动、社区环保项目等也能激发公众的参与热情，共同为蓝碳发展贡献力量。

总之，推动“蓝碳”发展需要多方共同努力，从政策制定到技术创新，从科研支持到公众意识的提升。通过全面行动，蓝碳生态系统能够发挥其在应对气候变化中的巨大潜力，助力全球迈向更加可持续的未来。

第八章

未来海洋经济的发展趋势

087　中国海洋经济的未来发展方向是什么？

中国海洋经济的未来发展方向，正处在一个关键的转型期。从资源开发到生态保护，从传统产业到高科技创新，海洋经济的未来将更加注重可持续发展与绿色创新。在这一过程中，中国不仅要实现海洋资源的高效利用，还要加强海洋生态的保护，推动产业的绿色转型和技术的跨越式进步。

首先，海洋资源的可持续利用将成为发展的核心。随着传统资源的逐渐枯竭，如何在保证生态平衡的前提下，开发和利用海洋资源，尤其是海洋能源、海洋生物资源等，成为未来发展的关键。中国在新能源领域，特别是海上风能、潮汐能等可再生能源的开发上，具备较大的潜力。未来的海洋经济将更多依赖于清洁能源的开发与利用，同时推动海洋资源的循环利用，以减少对环境的负担。

其次，科技创新将是推动海洋经济高质量发展的重要动力。中国的海洋科技创新近年来取得了显著进展，但要实现从资源大国到海洋强国的转型，仍需要在技术研发和创新应用上加大投入。智能化、数字化技术将推动海洋经济的转型升级，如海洋大数据、人工智能、无人驾驶船舶、海洋机器人等技术将大大提高海洋资源的开发效率，同时降低对生态环境的影响。通过创新的技术手段，能够更精准地监测海洋环境，保障海洋生态的健康发展。

此外，海洋生态保护将成为未来发展的基础。随着海洋环境问题的日益严重，如何平衡经济发展与生态保护之间的矛盾，成为一个亟待解决的问题。中国未来将加大海洋生态保护力度，特别是在海洋污染治理、生态修复和生物多样性保护方面采取更加有效的措施。建立更加完善的海洋环境保护法律体系和制度，推动“蓝色经济”的发展，成为中国海洋经济可持续发展的必由之路。

与此同时，海洋产业的多元化和深度融合也将推动海洋经济的发展。在传统的渔业、航运、海洋能源产业基础上，海洋文化产业、海洋旅游产业、海洋生物医药产业等新兴产业将逐步崛起，形成多元化的产业链。特别是随着“一带一路”倡议的推进，国际合作将成为促进海洋经济发展的重要途径，中国将在全球海洋经济合作中扮演更加积极的角色。

由此可见，中国海洋经济的未来发展方向，将立足于可持续发展、科技创新、生态保护以及产业多元化和国际合作。通过综合施策，推动海洋经济与生态的协调发展，中国有望在未来成为全球海洋经济的重要引领者。

088　海洋经济如何应对全球气候变化？

全球气候变化对海洋经济带来了深远的影响，尤其是在海平面上升、极端气候频发、海洋酸化等方面，这些都直接威胁到海洋资源的可持续利用和海洋生态的健康。因此，海洋经济必须积极应对气候变化，通过一系列的策略和创新，确保经济发展与环境保护相得益彰。

气候变化最直接的挑战之一是海平面上升，这可能导致沿海城市和岛屿被淹没，严重威胁海洋产业的发展，尤其是渔业、港口运输和海洋旅游等行业。因此，海洋经济需要加强基础设施建设，提升抗灾能力，采取更为科学和有效的海岸线保护措施。通过合理规划沿海城市和港口布局，提升防洪、排水和防风能力，减少气候变化带来的破坏。

在应对气候变化的过程中，海洋能源产业扮演着越来越重要的角色。随着可再生能源的需求日益增长，海上风电、潮汐能、波浪能等海洋能源成为应对气候变化的关键所在。这些清洁能源不仅能够减少温室气体的排放，还能为沿海地区带来新的经济增长点。通过加大对海洋能源的研发投入，发展绿色低碳技术，海洋能源将成为海洋经济应对气候变化的重要支柱。

海洋生态保护也至关重要。气候变化加剧了海洋生态的脆弱性，尤其是珊瑚礁、海草床等生态系统的退化。为了应对这一问题，海洋经济必须加大对海洋生态修复与保护的投入。通过建立海洋保护区，推动生态恢复，减少过度开发和污染排放，增强海洋生态系统的自我调节能力，帮助海洋生态更好地适应气候变化的影响。

科技创新在海洋经济应对气候变化中也具有不可忽视的作用。大数据、人工智能和遥感技术能够提供精准的气候预测与环境监测，为海洋经济的可持续发展提供科学依据。通过数字化、智能化手段，海洋资源的管理和调度将变得更加高效，从而降低因气候变化带来的不确定性和风险。

国际合作将成为应对全球气候变化的重要保障。气候变化是全球性问题，单一国家或地区难以独自应对。海洋经济的可持续发展需要全球合作，尤其是在海洋污染治理、海洋保护和气候适应技术等方面加强国际交流与合作。通过共享技术、经验和资源，推动全球海洋经济共同发展，提升应对气候变化的综合能力。

总的来说，要想有效应对全球气候变化，必须在提升基础设施防灾能力、发展清洁能源、保护海洋生态和推动科技创新等方面不断发力。只有实现经济发展与环境保护的双赢，才能确保海洋经济的长远可持续发展。

089　数字化如何推动海洋经济的发展？

数字化技术正在深刻变革全球经济，各行各业都在积极探索如何借助数字化推动可持续发展，海洋经济也不例外。从海洋资源的管理到行业效率的提升，数字化为海洋经济的发展注入了新的动力。

一个显著的例子是海洋资源的高效管理。传统的海洋资源开发往往依赖人工调查和简单的监测手段，这不仅效率低，而且容易受到人为误差的影响。而通过卫星遥感技术、大数据分析以及物联网设备，数字化能够提供更精确和实时的海洋数据，帮助企业和政府实时监控海洋资源的状态。例如，借助智能传感器和无人机，渔业可以更加科学地监控捕捞量，避免过度捕捞，实现资源的可持续利用。

此外，数字化还在推动海洋产业的绿色发展方面发挥着重要作用。随着全球对环保和绿色经济的关注加深，海洋经济必须更加注重减少碳排放和生态损害。通过数字化技术，尤其是人工智能和云计算，可以优化能源使用，提升产业的能源效率。比如，海上风电和潮汐能等海洋能源项目，通过智能管理系统，可以更加精确地调度和管理能源，减少能源浪费，为绿色经济的发展提供支持。

海洋经济的另一个重要组成部分是海洋旅游业。传统的海洋旅游业主要依靠景区的自然资源和旅游设施，然而在数字化的推动下，旅游业得到了前所未有的提升。从虚拟现实技术到智能化导游，再到在线预订系统，数字化不仅改变了游客的体验，也提升了旅游管理的效率。海洋景区可以通过大数据分析游客的需求，优化旅游路线和服务，提升游客满意度的同时，也能减少人流过度集中对生态环境的压力。

数字化还大大促进了海洋产业的国际化。海洋经济具有很强的全球性，许多企业在开发海洋资源时面临跨国合作和资源共享的需求。数字化技术尤其是互联网平台，使得跨国企业能够实时分享海洋资源数据，进行全球协作。比如，在国际渔业合作中，各国可以通过数字化手段共享捕捞数据，制定更加合理的捕捞配额和政策，从而促进全球海洋资源的可持续管理。

最重要的是，数字化改变了海洋产业的商业模式。海洋经济涉及多个领域，包括渔业、航运、能源、旅游等，如何将这些领域有效地整合在一起，形成产业链的协同发展，成为数字化的一个重要目标。通过数字平台，企业可以实现资源共享、信息流通和效率提升，从而促进整个海洋经济体系的高效运作。

总的来说，数字化不仅提升了海洋经济的运营效率和可持续性，也为海洋经济的未来发展开辟了新的路径。在信息技术的助力下，海洋经济将更智能、更绿色、更高效地向前发展。

090 海洋经济将如何与全球绿色发展趋势对接?

随着全球对可持续发展的重视，绿色发展已经成为经济发展的重要方向。海洋经济作为一个蓬勃发展的产业，在全球绿色发展趋势中扮演着至关重要的角色。如何实现海洋经济与全球绿色发展趋势的有机对接，成为各国面临的重要课题。

海洋经济与绿色发展的对接，体现在海洋资源的可持续利用上。海洋资源，如渔业、海洋能源、海洋矿产等，一直是人类社会的重要财富。然而，资源的过度开发和无序利用常常带来生态破坏，影响海洋生态系统的健康。为了与全球绿色发展趋势对接，海洋经济需要转向更加绿色、环保和可持续的路径。通过引入先进的技术和科学的管理方法，可以实现对海洋资源的精细化管理，避免过度开发。例如，智能渔业管理系统和人工智能监测技术的应用，可以实时监控渔业资源的捕捞情况，确保渔业资源的可持续捕捞，避免过度捕捞和资源枯竭。

绿色海洋经济还离不开清洁能源的推动。海洋蕴藏着巨大的清洁能源潜力，如海上风电、潮汐能和海洋热能等。这些能源与化石能源相比，具有显著的环保优势。海洋经济要与全球绿色发展趋势对接，必须大力发展海洋清洁能源产业，降低对传统能源的依赖。随着技术的不断进步，海上风电已经逐渐成为全球绿色能源的重要组成部分，许多国家纷纷加大对海洋可再生能源的投资力度，推动海洋清洁能源的开发和利用。这不仅有助于实现能源结构的转型，也推动了绿色经济的发展。

海洋生态保护与绿色发展息息相关。海洋作为地球生态系统的重要组成部分，其健康直接影响全球气候和生物多样性。为了推动海洋经济与绿色发展的对接，必须加强海洋生态保护，推动生态修复和污染治理。当前，许多国家已经开始实施海洋生态修复项目，例如湿地恢复、海草床保护等，旨在恢复海洋生态的自然功能，提升生态服务的价值。这些措施不仅有助于提高海洋资源的利用效率，还能减少生态破坏，促进海洋经济的可持续发展。

绿色海洋旅游也是海洋经济与全球绿色发展趋势对接的重要方面。随着人们环保意识的提高，绿色、可持续的旅游方式越来越受到青睐。海洋旅游产业要与绿色发展对接，可以通过推广生态旅游、减少旅游业对环境的负面影响、推动旅游业的绿色转型等方式来实现。这不仅能带动经济增长，还能保护海洋生态环境，实现经济效益与生态效益的双赢。

总体来看，海洋经济要与全球绿色发展趋势对接，需要在资源利用、能源转型、生态保护和产业升级等方面作出积极努力。通过科技创新和国际合作，推动海洋经济向绿色、可持续方向转型，为全球绿色发展注入新的活力。

091 未来海洋产业的技术创新点在哪里？

未来海洋产业的发展将深刻依赖于技术创新，尤其是在能源、资源利用和生态保护等多个领域。随着全球对可持续发展的关注日益增加，海洋产业的技术革新不仅要提高生产效率，还需要解决环境问题，实现绿色、低碳的可持续发展。

一个显著的技术创新方向是海洋可再生能源的开发。随着海洋能源开发技术的不断进步，风能、潮汐能和波浪能等海洋能源成为未来能源结构的重要组成部分。尤其是海上风电技术的快速发展，推动了海洋风电的规模化生产，未来的技术创新将使这些能源的成本进一步降低，效率不断提高。此外，潮汐能和波浪能的商业化应用也有望在未来迎来新的突破，通过提高能量转换效率，使海洋能源成为可持续发展的核心动力之一。

在资源利用方面，深海采矿技术的创新也是一个重要的突破点。随着海洋资源的日益紧缺，深海矿产资源的开采逐渐成为全球关注的焦点。利用机器人技术和无人潜航器（ROV），深海矿产资源的探测与开采将更加精准与高效。而新型的环保开采技术的研发，将使得深海矿产的开采过程更加符合生态可持续要求，减少对海洋环境的影响。

生态修复技术也是海洋产业技术创新的关键领域。随着海洋污染问题的日益严重，特别是塑料污染和水体富营养化等问题日益突出，海洋生态修复成为不可忽视的挑战。新型的生态修复技术，如海洋生物修复、人工湿地建设和生态基底修复，正在逐步成为解决问题的重要手段。未来，随着科技的进步，这些修复技术将得到更加广泛的应用，以恢复海洋生态的多样性和稳定性。

此外，数字化与大数据技术在海洋产业中的应用也日益显著。通过海洋传感器、无人机、卫星遥感技术等手段，收集大量的海洋数据，并运用大数据分析与人工智能技术，能够实时监测海洋环境变化、资源利用情况和生态健康状态。数字技术的应用不仅能够提升资源管理效率，还能帮助制定更加科学精准的政策，推动海洋产业的可持续发展。

随着这些技术创新的不断推进，未来的海洋产业将变得更加高效、绿色、智能化。海洋经济不仅能够推动全球能源转型和资源利用的效率，还将在保护生态环境、应对气候变化方面发挥重要作用。对于未来的海洋产业来说，技术创新将成为发展的核心驱动力。

092 如何提升中国海洋经济的全球竞争力？

提升中国海洋经济的全球竞争力，是国家经济发展的重要战略之一。在全球化和气候变化的背景下，中国海洋经济的崛起不仅要依赖传统的渔业、航运等行业，还需要在科技创新、资源管理、国际合作等多个层面实现突破。

科技创新是推动海洋经济提升全球竞争力的关键。随着技术的进步，海洋能源、深海资源开发和海洋生物医药等新兴行业日益受到关注。中国应加大对海洋科技的投资，推动海洋新能源的研发与应用，尤其是在海洋风电、潮汐能和波浪能等领域，争取在全球海洋能源产业中占据领先地位。此外，深海探测与资源开采技术的发展，将为中国提供更加丰富的海洋资源保障，而在海洋生态修复与保护方面的创新，也能为全球环境治理贡献力量。

加强海洋产业的绿色转型至关重要。中国应在海洋经济的各个环节中推动低碳化、环保化发展。无论是海上运输还是渔业、能源开发，绿色发展理念都应贯穿其中。通过制定严格的环境保护标准，提升绿色技术应用，推动海洋产业向绿色、可持续方向发展，不仅有助于提升中国在全球市场的竞争力，也能为国际社会应对气候变化和环境问题提供有力支持。

具备国际化的视野也是提升中国海洋经济全球竞争力的必由之路。中国作为全球最大的海洋经济体之一，必须积极参与全球海洋经济治理和合作。在国际海洋资源开发、环境保护以及海洋安全等领域，中国应主动与其他国家开展多边合作，共享技术与经验，共同制定国际规则。通过参与国际组织和协议，提升在全球海洋事务中的话语权和影响力。

海洋基础设施建设的提升也不可忽视。随着全球贸易的不断增加，海上运输和物流成为国际经济的重要纽带。中国可以通过加大港口、航运线路、物流设施等领域的建设与投资，提升全球海洋贸易的枢纽地位。此外，加强智能化、数字化基础设施建设，也能为中国海洋产业的高效运行和国际竞争提供技术保障。

总之，提升中国海洋经济的全球竞争力需要科技创新、绿色发展、国际合作与基础设施建设的有机结合。通过持续的技术突破与可持续发展战略，中国有望在全球海洋经济舞台上占据更加重要的位置，为世界经济的繁荣与环境的保护做出更大贡献。

093 海洋创新经济将如何开拓未来市场？

海洋创新经济正逐渐成为全球经济增长的新引擎，尤其是在应对气候变化、资源匮乏以及环境保护等挑战时，它展现出了巨大的潜力。随着科技的飞速发展，海洋创新经济的未来市场不仅限于传统的海洋资源开发，还扩展到了更广泛的领域，如海洋可再生能源、深海矿产资源、海洋生物科技等。这些新兴市场将带动全球经济的变革，提供更加可持续的解决方案。

海洋能源是海洋创新经济中最具前景的领域之一。全球能源转型的需求日益增加，传统的化石能源正逐步被可再生能源替代。海洋能源作为一种绿色能源，其潜力巨大，尤其是在海洋风能、潮汐能和波浪能的开发上。未来，随着相关技术的成熟，海洋能源将在全球能源结构中占据越来越重要的地位，为全球市场提供清洁、可持续的能源来源。

海洋生物技术也是未来海洋创新经济的关键市场。海洋生物包含众多尚未被开发的药用成分、化工产品以及食品来源。随着海洋生物技术的突破，我们不仅可以发现新的药物和营养物质，还能通过基因工程和生物制药等技术，解决人类面临的疾病与营养问题。未来，海洋生物医药将成为全球健康产业的重要组成部分，推动健康经济的快速增长。

深海资源的开采和开发同样蕴含着巨大的市场潜力。深海矿产资源的储量丰富，涵盖了稀有金属、能源资源等，这些都对全球产业链的升级与科技发展具有重要意义。随着深海探测技术不断取得突破，资源开采的可行性逐步提高。深海资源的合理开发将为全球经济提供新的增长点，特别是为高科技行业提供所需的稀缺资源。

此外，海洋环境保护与生态修复也为海洋创新经济开辟了新的市场。在全球变暖和海洋污染的背景下，海洋生态修复技术的需求日益迫切。通过创新的技术手段，如人工湿地、海藻碳汇、海洋生物修复等，可以有效恢复和保护海洋生态系统。这不仅有助于提高海洋生态环境的可持续性，还能为生态修复产业创造庞大的市场需求。

总之，海洋创新经济将通过科技创新，推动能源、资源、健康等领域的快速发展。无论是海洋能源、深海资源、海洋生物科技，还是海洋生态修复，未来市场的前景都非常广阔。通过持续的技术突破与全球合作，海洋创新经济将不仅为全球市场带来新的机遇，也为人类应对环境和资源挑战提供切实可行的解决方案。

094 海洋数据经济将如何改变海洋产业?

随着数字化技术的飞速发展，海洋数据经济逐渐成为推动海洋产业变革的关键力量。这一新兴领域不仅能够提升海洋资源的利用效率，还能为决策者提供更精确的预测与分析，为产业发展提供更深刻的洞察。

海洋数据经济的核心在于海量数据的采集、分析与应用。海洋本身是一个复杂且变化多端的系统，传统的海洋资源管理与产业运营往往依赖经验和估算。然而，随着传感器、卫星遥感、物联网等技术的普及，海洋数据的获取变得更加精准和实时。这些数据包括海洋气象、潮汐变化、海水温度、海洋生物分布等，它们为海洋产业的各个环节提供了有力的支持。

在渔业方面，数据经济可以帮助实现智能渔业。通过实时监测海洋环境数据和渔场状况，渔民可以精确把握最佳捕捞时机和地点，减少资源浪费并保护海洋生态。此外，借助数据分析，渔业管理部门能够更有效地制定捕捞配额和保护措施，确保渔业资源的可持续利用。

在海洋能源领域，数据经济同样发挥着重要作用。海洋风电、潮汐能、波浪能等新能源项目的成功依赖于对海洋环境的精确理解和预测。通过收集和分析海洋环境数据，能源公司能够优化设备布局、提高发电效率，甚至预测设备维护的最佳时机，延长设备寿命，降低运营成本。数据经济为海洋能源产业提供了更高效的管理工具，推动其可持续发展。

此外，海洋旅游、海洋环保、航运物流等领域，也都受益于海洋数据经济。在海洋旅游业中，通过对游客流量、天气、海洋生态等数据的分析，能够更好地规划旅游路线，提升游客体验，并且有效地保护海洋生态。在航运行业，通过实时的海洋气象数据和海洋交通数据，航运公司可以优化航线、减少燃料消耗，提高运营效率。在环保领域，海洋数据的精准分析能够帮助制定更科学的保护措施，减少污染排放，促进海洋生态的可持续恢复。

总体而言，海洋数据经济的崛起正在改变海洋产业的运营方式。它通过精准的数据支持，使得海洋资源的利用更加高效、可持续，同时也推动了产业的智能化、绿色化发展。随着技术的不断进步，海洋数据经济将发挥越来越重要的作用，为全球海洋产业注入新的活力，助力其向更加高效、绿色的方向发展。

095 深海探测技术的发展对海洋经济有何影响?

深海探测技术的迅猛发展，为海洋经济打开了全新的篇章。深海，作为地球上最为神秘和未被完全了解的领域，蕴藏着丰富的资源和巨大的经济潜力。随着技术的不断创新，我们开始能够深入探索这片蓝色疆域，发现和利用其中的宝贵资源，同时也为生态保护和科学研究提供了新的支持。

一个显著的影响体现在海洋资源的开发上。深海探测技术使得我们可以更精确地探测深海矿产资源，如稀有金属、石油和天然气等。这些资源一直是全球能源和原材料供应链中的重要组成部分。通过高效的深海勘探，我们能够识别潜在的资源丰富区，并采取更为精准的开采手段，这不仅提升了资源的利用率，也减少了对陆地资源的依赖，推动了全球能源结构的多元化。

深海生物资源的探索也为生物医药行业带来了革命性的机遇。深海的生物多样性远远超出我们的想象，许多生物具备独特的生物活性成分，这些成分对人类健康有着潜在的应用价值。通过深海探测技术，科学家可以更好地了解这些生物，进而开发出新型药物和保健品，推动海洋生物医药产业的兴起。深海生物医药不仅有助于应对疾病治疗，还能促进绿色可持续发展。

在海洋能源领域，深海探测技术也为我们提供了更多的选择。随着海洋风能、潮汐能、波浪能等可再生能源的开发需求不断增加，深海区域逐渐成为这些能源资源的“热土”。深海探测技术的应用能够帮助我们准确评估深海风能和潮汐能的潜力，并优化设施的布局与建设，为海洋能源产业的健康发展奠定基础。

深海探测技术的提升，对海洋环境的监测和保护同样起到了重要作用。随着全球气候变化的加剧，深海生态系统的稳定性受到了越来越多的关注。通过精确的深海探测，我们能够更好地监测深海生态环境的变化，及时发现潜在的生态风险，推动环境保护政策的制定。借助这些数据，政策制定者可以为深海保护提供科学依据，推动可持续的海洋资源管理。

总的来说，深海探测技术的发展不仅为海洋经济带来了新的发展机遇，也促使我们在资源开发与环境保护之间找到更加平衡的路径。随着技术的进一步成熟，未来深海经济将呈现出更加多元化、绿色化的发展趋势，为全球经济的可持续增长注入新的动力。

096 海洋生态经济将如何影响未来的海洋发展？

海洋生态经济的兴起为未来的海洋发展指明了新的方向。随着全球气候变化和资源过度开发的挑战日益严峻，传统的海洋经济发展模式已显得越来越不可持续。在这样的背景下，海洋生态经济不仅为海洋资源的合理利用提供了新的思路，更为海洋生态环境的保护与恢复带来了前所未有的机遇。

海洋生态经济的核心理念是将经济发展与生态保护相结合，推动绿色、可持续的海洋资源利用。未来，随着这一理念的深入发展，海洋经济将不再单纯依赖传统的资源开采和能源生产，而是通过生态修复、循环经济和绿色创新等手段，实现经济效益和环境效益的双赢。例如，海洋生态旅游、海洋渔业的可持续发展，以及海洋绿色能源的开发，都是海洋生态经济的具体体现。这些新兴产业将成为海洋经济发展的重要组成部分，推动海洋产业向着更加绿色、低碳的方向转型。

在这一过程中，海洋生态系统的健康将成为经济活动的基础。过去，过度开发导致海洋资源的枯竭和生态环境的恶化，这不仅影响了生态平衡，也直接威胁到依赖海洋的经济活动。而海洋生态经济则倡导通过保护和恢复生态系统，提升海洋生物的多样性和生态功能，从而确保海洋资源的可持续性。这不仅对渔业、旅游业等传统海洋经济活动有着深远的影响，更为全球气候变化的应对提供了关键性支持。

与此同时，海洋生态经济的推行也意味着海洋管理更加科学和精细化。通过引入先进的科技手段，如大数据、人工智能、遥感技术等，未来的海洋生态经济将实现更高效的资源监测、环境评估和决策支持。这将促使政府、企业与社会三方更加紧密合作，共同推动海洋经济的绿色转型。同时，政策层面也需要加强制度创新，推动跨区域、跨国界的海洋治理合作，确保海洋生态保护的效果能够惠及全球。

总的来说，海洋生态经济的兴起将推动海洋经济发展模式的深刻变革。从资源的合理利用到生态的全面保护，再到绿色产业的兴起，海洋生态经济为未来海洋发展提供了一条可持续的道路。随着这一理念的逐步深入实施，我们有理由相信，未来的海洋不仅会是经济发展的沃土，更将成为人与自然和谐共生的典范。

097　中国如何推动海洋经济与“一带一路”倡议的融合发展？

中国推动海洋经济与“一带一路”倡议的融合发展，正成为实现全球战略布局的重要组成部分。作为全球最大的贸易国之一，中国的海洋经济不仅关系到国家的资源配置与产业发展，还在全球经济体系中扮演着日益重要的角色。而“一带一路”倡议则为海洋经济的发展提供了广阔的国际合作平台，促进了沿线国家之间的基础设施建设、贸易合作以及文化交流，进而推动了全球经济一体化。

海洋经济与“一带一路”倡议的融合，首先体现在港口和航运网络的建设与合作上。中国作为世界最大的货物贸易国，其港口和航运系统已成为全球贸易的重要枢纽。

通过“一带一路”倡议，中国加强了与沿线国家的港口建设和航运合作，提升了海上物流的效率和便利性。这种合作不仅为中国企业提供了更广阔的市场，也为沿线国家带来了基础设施的提升和经济增长的动力。例如，借助中欧班列、“海上丝绸之路”等运输通道，中国与“一带一路”共建国家的商品流通更加顺畅，推动了地区经济的融合。

与此同时，海洋资源的开发和环境保护也是中国推动海洋经济与“一带一路”融合的重要方向。在“一带一路”的框架下，中国积极倡导绿色发展理念，推动海洋资源的可持续利用。无论是在海洋渔业、海洋能源还是海洋环境保护等领域，跨国合作和经验分享都为共建国家提供了新的机遇。通过合作开发海洋可再生能源、推动海洋生态环境修复，中国不仅助力沿线国家实现绿色发展，还为全球气候变化应对做出了积极贡献。

此外，海洋经济的融合发展还促进了共建国家的文化交流和社会融合。中国通过开展海洋文化的交流活动，如海洋科技、海洋旅游、海洋教育等，进一步加深了与“一带一路”共建国家的友好关系和文化认同。在共同的海洋文化和经济利益驱动下，中国与共建国家在科技创新、海洋管理等方面的合作不断深化，为推动全球海洋治理体系的建设贡献力量。

总体而言，海洋经济与“一带一路”倡议的融合发展，不仅为中国带来了经济增长的潜力，也为共建国家创造了新的发展机遇。通过加强“海上丝绸之路”的建设，推动绿色发展，深化文化交流和技术合作，中国正逐步实现与“一带一路”共建国家的共赢局面，推动全球海洋经济的可持续发展。

098 海洋经济的信心发展将如何推动全球合作?

海洋经济的持续发展不仅是国家经济增长的重要引擎，也在全球范围内扮演着越来越重要的角色。随着全球化进程的加快，海洋经济的繁荣为国际合作提供了新的动力。各国意识到，海洋是全球资源的重要来源，它不仅关系到贸易、能源和资源的获取，还直接影响着环境保护和气候变化的应对。海洋经济的信心发展将推动全球合作的深入，从而推动国际经济、环境以及社会领域的共同进步。

首先，海洋经济的信心发展为国际贸易提供了稳定保障。全球超过80%的商品通过海洋运输流通，海洋经济的发展有助于提升全球航运的效率和安全性，促进全球贸易的繁荣。中国作为全球贸易的核心国家，其海洋经济的持续壮大，为全球市场提供了更多的产品和服务，这不仅推动了沿线国家的经济增长，也促进了全球经济的互联互通。在这一背景下，各国对于海洋经济的依赖不断加深，形成了更加紧密的合作关系。

其次，海洋资源的可持续开发促使各国加强合作，共同应对资源危机与环境挑战。海洋是地球上最大的一体化生态系统，涵盖了丰富的能源和资源。然而，这些资源的过度开发也带来了生态破坏和资源枯竭的风险。为了实现海洋经济的可持续发展，各国必须加强合作，共同制定和执行国际海洋法及环保协议。这种合作不仅在资源开发领域得到体现，也在环境保护和应对气候变化方面形成了全球共识。通过联合研究和技术共享，各国可以共同提升海洋资源的利用效率，减少对环境的负面影响。

再次，海洋经济的发展也推动了科技创新的国际合作。随着海洋科技的发展，海洋能源、海洋渔业、海洋环境治理等多个领域都涌现出新的技术和解决方案。各国在这一过程中逐步认识到，单靠一国之力无法应对全球性的挑战。

因此，海洋经济的信心发展为跨国公司、科研机构以及国际组织之间的合作提供了更广阔的空间。技术的共享和创新的合作，不仅促进了海洋经济本身的进步，也为全球经济的可持续发展奠定了基础。

最后，海洋经济的信心发展还为文化和人文交流搭建了平台。海洋作为文明的摇篮，不仅孕育了丰富的海洋文化，还推动了不同国家和地区之间的交流与合作。随着全球对海洋文化认同的增强，越来越多的国际合作项目涉及海洋文化的共享与传承。通过海洋经济的发展，不同国家可以更加深刻地理解彼此的文化特色，进一步推动人类社会的和谐发展。

总之，海洋经济的信心发展不仅为各国带来了经济利益，也为全球合作提供了新的机遇。各国在这一进程中相互依存、共谋发展，最终推动了全球经济、科技、环境等多领域的深度合作。通过共同努力，海洋经济的繁荣将成为全球合作的新引擎，推动人类社会迈向更加美好的未来。

099 海洋产业如何突破资源瓶颈，推动创新发展？

海洋产业作为全球经济的重要组成部分，肩负着提供能源、食品、交通和生态服务的重任。然而，随着资源的日益紧张和生态环境压力的加大，传统的海洋资源利用模式正面临越来越多的瓶颈。如何突破这些瓶颈，实现创新发展，已经成为海洋产业未来发展的关键。

首先，突破资源瓶颈的一个关键在于创新的技术应用。海洋资源虽然丰富，但许多资源的开采和利用仍受到技术限制。例如，深海能源的开发、海洋渔业的可持续发展、海洋生物资源的保护等领域，都须依赖创新技术来突破现有局限。近年来，随着深海探测技术、海洋能源技术、无人船技术等的发展，海洋产业的资源利用效率和环境保护能力都在不断提高。通过技术的不断进步，深海油气的勘探和开采、海洋风能的利用等不再是遥不可及的目标，而是逐步走向实际应用，为产业发展带来了新的机遇。

其次，跨界融合与多元化发展也成为海洋产业突破资源瓶颈的重要途径。随着信息技术、人工智能、大数据等技术的进步，海洋产业与其他行业的跨界融合逐渐成为趋势。例如，智能渔业利用大数据和物联网技术来实现精准捕捞，减少资源浪费，提升渔业产值；海洋环保技术的进步使得海洋污染治理更加高效，促进了海洋生态的可持续恢复。跨行业的协同创新不仅能够有效突破资源瓶颈，还能推动海洋产业的多元化发展，创造出更多元、更具活力的产业生态。

再次，海洋产业的发展也需要政策的支持和社会的共同努力。政府可以通过制定激励政策、加强国际合作、完善海洋法制等手段，为产业发展提供良好的环境。例如，政府可以出台支持绿色海洋经济的政策，鼓励企业采用绿色生产方式，推动海洋可持续发展。同时，海洋资源开发、环境保护等方面的国际合作也至关重要。全球性的海洋保护协议和跨国公司之间的技术合作，将进一步推动海洋产业走向绿色、智能、可持续的未来。

最后，海洋产业的发展不仅仅是资源的开采与利用，更应关注生态环境的保护与可持续发展。在追求创新与突破的同时，保护海洋生态、实现绿色发展应当成为海洋产业的核心目标。通过提高资源利用效率、推动绿色技术创新、加强海洋环境治理，海洋产业不仅能够突破资源瓶颈，还能够为全球经济的可持续发展做出重要贡献。

由此可见，海洋产业的创新发展离不开技术创新、跨界融合、政策支持以及生态保护等多方面的努力。只有通过综合施策、协同发展，才能有效突破资源瓶颈，推动海洋产业向更高质量、更可持续的方向发展。

100 中国如何通过海洋经济促进全球可持续发展?

中国凭借着其广阔的海洋资源，正在加快推动海洋经济的可持续发展。通过创新科技、完善政策和国际合作，中国在促进国内经济增长的同时，也为全球可持续发展做出了重要贡献。

中国的海洋经济发展，首先在于其对绿色、低碳发展的重视。在传统的海洋资源开发如渔业、能源开采等领域，中国已经逐步实现了可持续发展转型。通过推行生态渔业、加强海洋保护区建设和科学管理，中国有效遏制了过度捕捞和污染问题，为全球海洋生态的保护树立了榜样。此外，中国积极推动海洋清洁能源的开发，如海洋风能和潮汐能等，以减少对化石能源的依赖，降低碳排放，推动全球绿色低碳经济的转型。

在科技创新方面，中国不断加大对海洋科技的研发投入，特别是在海洋生态保护、资源开发和深海探测等领域。通过引领全球海洋数据共享平台的建设，提供高质量的海洋监测数据和科研成果，中国为全球可持续海洋经济的建设提供了强大的技术支持。同时，中国在推动海洋信息化发展方面也取得了重要进展，如通过卫星遥感技术、智能海洋设备等，提高了海洋资源的管理和利用效率，这为全球海洋资源的可持续管理提供了有力的借鉴。

中国还通过积极参与国际合作，促进全球海洋经济的可持续发展。中国不仅加入了多个海洋保护和国际海洋资源管理的协议和组织，还积极支持海洋治理和环保项目。在“一带一路”倡议下，中国与共建国家开展广泛的海洋合作，推动绿色基础设施建设，加强区域合作，共享海洋经济发展的红利。中国通过这一平台，助力全球尤其是发展中国家的海洋经济发展，推动全球海洋资源的可持续利用。

此外，随着中国海洋经济的蓬勃发展，其在全球海洋治理中的话语权也逐渐增强。中国不仅关注国内的海洋可持续发展，还通过倡导绿色发展理念、分享经验和技术，推动全球海洋治理的合作机制，从而促进全球海洋经济的可持续发展。

总的来说，中国通过加强政策引导、科技创新、国际合作等方式，正在成为全球海洋经济可持续发展的重要推动力。未来，中国将继续深化海洋经济的绿色转型，与世界各国携手，共同为实现全球可持续发展目标贡献更多的力量。